同济大学本科教材出版基金资助

新形态教材

# 基础力学实验

赵红晓　编著

U0347687

同济大学 出版社
TONGJI UNIVERSITY PRESS
·上海·

## 内 容 简 介

基础力学实验是工科专业教学中的一个重要环节,通过实验可验证基础力学相关理论知识的结论及定律、测定力学性质(机械性质)、解决各种复杂构件的强度和刚度问题。本书编者基于基础力学实验课程的基本要求,结合多年实验教学经验和成果,配合丰富实验操作指导视频、课件、习题库等媒体资源,编著新形态融合教材。本书按照实验内容的知识体系分章编排,包括基础力学实验内容和基本要求、实验误差和数据处理、材料力学性能实验、应变电测法原理及其应力分析实验、流体力学实验,相关实验报告单独编排成册。

本书适合普通高等院校力学相关专业"基础力学实验"课程的教材,也可以用作教师及有关工程技术人员的参考学习用书。

**图书在版编目(CIP)数据**

基础力学实验 / 赵红晓编著. —上海 : 同济大学
出版社,2023.8
　　ISBN 978-7-5765-0889-5

Ⅰ.①基… Ⅱ.①赵… Ⅲ.①力学—实验—高等学校
—教材　Ⅳ.①O3-33

中国国家版本馆 CIP 数据核字(2023)第 145675 号

**基础力学实验**

赵红晓　编著

**责任编辑**　宋　立　周锦欣　　**责任校对**　徐春莲　　**封面设计**　陈益平

出版发行　同济大学出版社　　　www.tongjipress.com.cn
　　　　　(地址:上海市四平路 1239 号　邮编:200092　电话:021-65985622)

经　　销　全国各地新华书店

排　　版　南京文脉图文设计制作有限公司

印　　刷　常熟市大宏印刷有限公司

开　　本　787 mm×1092 mm　1/16

印　　张　15.25

字　　数　381 000

版　　次　2023 年 8 月第 1 版

印　　次　2023 年 8 月第 1 次印刷

书　　号　ISBN 978-7-5765-0889-5

定　　价　58.00 元

# 前　　言

基础力学实验是工科专业教学中的一个重要环节。基础力学相关理论知识的结论及定律、力学性质(机械性质)都要通过实验来验证或测定;各种复杂构件的强度和刚度问题,也需要通过实验才能解决。实验课程有助于学生巩固基本理论知识,掌握测定材料机械性能及测定应力和变形的基本方法,学会使用有关仪器及仪表(如万能材料试验机、静态电阻应变仪、流体力学试验仪、测试仪器等),初步培养学生独立确定实验方案与处理分析实验结果的能力,提高学生分析、研究和解决工程问题的能力。实验学习能够让学生养成良好的实验素质、理论联系实际的作风和严肃认真的工作态度。

本书以培养学生的动手能力、分析解决问题能力和创造创新能力为目标,在编者多年实验教学经验和成果的基础上,按实验课程的基本要求编著而成。本书的实验顺序按照实验内容的知识体系分章编排,包括材料力学性能实验、应变电测法原理及其应力分析实验和流体力学实验,并配有相应的实验操作指导视频及课件,符合循序渐进的认知规律。

本书是与在线课程(中国大学 MOOC)"基础力学实验"配套的融合教材。本教材不仅有文字部分,也有 PPT 课件、MOOC 视频和习题库等数字资源,它们构成了一个完整的教学体系。课程学习者不仅可以阅读文字内容,也可以扫描书中的二维码查看数字资源,这能够激发学习者的学习兴趣和热情。本书的特点是:

(1) 融合教材:作为在线课程(中国大学 MOOC)"基础力学实验"的配套教材,本教材依托"基础力学实验"课程丰富的数字资源,将实验教学视频和虚拟实验以二维码的形式嵌入书中,读者可以扫码查看,便于学习者理解和掌握实验原理及操作技能,为线上线下混合式实验教学提供了支撑。本书课件资源下载链接为 https://app. readoor. cn/app/dt/bi/1655775277/275363-28721964ab9e19?s=1。

(2) 内容充实:本教材同时包含了材料力学实验、电测实验和流体力学实验的学习内容;也包含了演示性实验、综合性实验及应用性实验,能够满足不同学习者的需要。

(3) 注重工程应用:随着新材料和新的工程应用不断出现,力学性能的测试内容和方法也不断出现。本教材突出工程应用的内容,着重增加了电测原理及其工程应用实验项目,加强学生对工程中应变应力测量的理解,培养学生利用电测法测试工程结构应变的能力。

在本教材编写过程中,感谢同济大学茹东恒老师参与部分拉伸与压缩实验操作指导视频的拍摄工作,感谢同济大学力学实验中心提供的支持和帮助。本教材除了参考文献和标准外,还参考了相关试验机、实验装置和仪器的说明书,在此一并表示感谢。

同时,特别感谢同济大学本科教材出版基金和同济大学实验教改项目经费的支持,使本书能够顺利出版。

鉴于编者水平所限,书中难免有错误和不足之处,恳请读者批评指正。

赵红晓

2022 年 10 月

# 目 录

# 第1章 绪 论

　　基础力学实验的目的是通过实验教学,使学生掌握基础力学实验的基本知识、基本技能和基本方法;熟悉基础力学实验的主要仪器和设备,巩固基本力学知识;培养学生良好的实验素质和理论联系实际的作风,增强学生的实践能力;提高学生分析、研究和解决工程问题的能力,培养学生的创新能力。

## 1.1 基础力学实验内容

### 1.1.1 材料力学性能实验

　　材料力学性能实验是材料力学课程的组成部分。材料力学的结论和理论公式的验证、材料的力学性能测定,都有赖于实验手段。在工程上,有很多实际构件的形状和承受荷载情况较为复杂,其应力分析问题需在理论基础上,通过实验手段来解决。构件在设计时,我们需要了解其所用材料的力学性质,如材料的屈服强度、强度极限、延伸率、冲击韧性和疲劳强度等,这些力学性质可通过材料力学性能实验来测定。

　　学生通过这类实验的基本训练,可掌握材料的力学性质的基本测定方法,观察材料受力全过程中的变形现象和破坏特征,并通过分析实验数据验证材料力学中的结论和定律、验证公式的准确性和应用范围,以加深对材料力学理论课程及其在工程上的应用的理解。

　　材料力学性能实验主要包括金属材料的拉伸、压缩、扭转力学性能测定,以及材料的冲击和疲劳实验。

### 1.1.2 应变电测法原理及其应力分析实验

　　在工程实际中常常会遇到一些构件的形状和荷载十分复杂的情况(如高层建筑物、桥梁、电线塔、机车车辆结构等),关于它们的强度问题,单靠理论计算不容易得到满意的结果。因此,近几十年来实验应力分析的方法发展迅速,即通过实验测量进行应力、应变分析,具体包括机测法、电测法和光测法,目前已经成为解决工程实际问题的有效方法。本部分着重介绍目前应用较广的电测技术。

　　应变电测法原理及其应力分析实验主要包括应变电测法原理及应用、金属材料弹性模量和泊松比测定、弯曲正应力实验、叠合梁实验、弯扭组合实验、应变片接桥实验、偏心拉伸实验、压杆稳定实验和矩形截面梁扭转实验。

### 1.1.3 流体力学实验

流体力学和水力学是各高等院校水利、土木、环境、机械等工科专业的必修课程,其特点是理论与工程实际紧密结合,其中许多问题,即使能用现代理论分析与数值模拟求解,最终还是需要借助实验来检验与修正。因此,流体力学和水力学实验对理论研究和解决工程实际问题都具有极其重要的意义。

流体力学实验包含能量方程、动量方程等 10 项实验,以及流谱流线等 4 个演示实验。通过流体力学实验揭示和演示流体运动的基本规律,以加深学生对"流体力学与流体机械""流体力学"和"水力学"课程的理解,推动流体力学理论在工程上的应用。

## 1.2 基础力学实验基本要求

### 1.2.1 实验须知

(1)做实验前应认真预习,了解本次实验的目的、内容和步骤,并了解所使用的机器和仪器的基本原理与注意事项。

(2)在实验室内,应自觉遵守实验室规则及机器和仪器的操作规程,未经允许不能任意操作实验机器和仪器。

(3)按照实验预约时间或课程安排时间进入实验室,完成规定的实验项目。实验时要相互配合,注意观察实验现象,记录所需测量的数据,并完成实验报告。

### 1.2.2 实验报告要求

实验报告应包含以下几部分。

(1)实验名称、日期、温度、湿度和实验者姓名。

(2)实验目的、原理、装置、步骤、实验数据及处理,实验注意事项等。

(3)实验所用设备和仪器,需注明名称、型号和精度(或放大倍数)等。在实验之前,应在实验报告上绘制需要记录测量数据的表格,要注意测量单位和仪器本身的精度。

(4)实验数据处理。在计算中所用到的公式均须明确列出,并注明公式中各种符号所代表的意义。运用计算器计算时,须注意有效数字的问题,如试件直径 $d$ 的测量平均值为 $9.98\ \text{mm}$,则横截面面积 $A$ 取 $78.2\ \text{mm}^2$ 即可。

(5)实验结果的分析。在实验中,除根据测得的数据整理并计算实验结果外,一般还要采用图表来展现实验结果。图中应注明坐标轴所代表的物理量、单位及比例尺。在绘制曲线图时,应根据多数点的所在位置,将其描绘成光滑的曲线。分析实验结果时应说明本实验的特点、实验结果是否正确,并对误差进行分析,回答给定的思考问题。

# 第 2 章　实验误差和数据处理

## 2.1　实验误差分析

在实验中测量力、应力、应变、位移等物理量时,不可避免地存在实验误差。研究实验和测量过程中存在的误差,分析产生误差的原因,以减小或消除某些误差,具有重要的意义。可以通过合理设计和组织实验,选用合适的仪器与测量方法,正确处理实验数据,尽可能得到接近真实情况的数据和结果。

### 2.1.1　误差概述

科学上有很多新的突破、定理或本构关系的确定都是以实验测量为基础的。测量就是用实验的方法将被测物理量与相关标准的同类量进行对比,从而确定它的大小。测量值和真值之间总会存在偏差,称这种偏差为测量值的误差。

#### 1. 真值与平均值

真值是待测物理量客观存在的确定值,也称为理论值,通常真值是无法测得的。当实验中测量的次数无限多时,根据误差的分布规律,正负误差的出现概率相等,再经过细致地消除系统误差,将测量值加以平均,可以获得非常接近于真值的数值。但实际上实验测量的次数是有限的,用有限测量值取得的平均值只能是近似真值。常用的平均值有以下四种。

1)算术平均值

算术平均值是最常见的一种平均值。设 $x_1$,$x_2$,$\cdots$,$x_n$ 为各次测量值,$n$ 代表测量次数,则算术平均值为

$$\bar{x} = \frac{x_1 + x_2 + \cdots + x_n}{n} = \frac{\sum\limits_{i=1}^{n} x_i}{n} \tag{2.1}$$

2)几何平均值

几何平均值是一组 $n$ 个测量值连乘并开 $n$ 次方求得的平均值。

$$\bar{x}_{几} = \sqrt[n]{x_1 \cdot x_2 \cdots x_n} \tag{2.2}$$

3)均方根平均值

$$\bar{x}_{均} = \sqrt{\frac{x_1^2 + x_2^2 + \cdots + x_n^2}{n}} = \sqrt{\frac{\sum\limits_{i=1}^{n} x_i^2}{n}} \tag{2.3}$$

4）对数平均值

设两个量 $x_1$，$x_2$，其对数平均值为

$$\bar{x}_{对} = \frac{x_1 - x_2}{\ln x_1 - \ln x_2} = \frac{x_1 - x_2}{\ln \dfrac{x_1}{x_2}} \tag{2.4}$$

应当指出，变量的对数平均值总小于算术平均值。当 $x_1/x_2 \leqslant 2$ 时，可以用算术平均值代替对数平均值。当 $x_1/x_2 = 2$，$\bar{x}_{对} = 1.565$，$\bar{x} = 1.50$，$(\bar{x}_{对} - \bar{x})/\bar{x}_{对} = 4.2\%$，即 $x_1/x_2 \leqslant 2$ 时引起的误差不超过 $4.2\%$。

在力学实验和科学研究中，数据的分布多属于正态分布，所以通常采用算术平均值。

**2. 误差的分类**

根据误差的性质和产生的原因，误差一般分为三类。

1）系统误差

在同一条件下（观测方法、仪器、环境、观测者不变）多次测量同一物理量时，符号和绝对值保持不变的误差叫系统误差。改变实验条件就能发现系统误差的变化规律。系统误差是在测量和实验中，因未发觉或未确认的因素所引起的误差，而这些因素导致结果永远朝一个方向偏移，其大小及符号在同一组实验测定中完全相同。实验条件一经确定，系统误差就获得一个客观上的恒定值。

系统误差产生的原因：测量仪器不良，如刻度不准、仪表零点未校正或标准表本身存在偏差等；周围环境的改变，如温度、压力、湿度等偏离校准值；实验人员的习惯和偏向，如读数偏高或偏低等。由仪器的缺点、外界条件变化、个人的偏向引起的误差，可以通过校正清除。

2）偶然误差

在排除系统误差后，所测数据的末一位或者末两位数字仍有差别，而且它们的绝对值时大时小、符号时正时负，没有确定的规律，这类误差称为偶然误差或随机误差。偶然误差产生的原因不明，因而无法控制和补偿。但是，倘若对某一观测量做足够多次的等精度测量，就会发现偶然误差完全服从统计规律，误差的大小或正负完全由概率决定。因此，随着测量次数的增加，随机误差的算术平均值趋近零，所以多次测量结果的算术平均值将更接近于真值。

3）过失误差

过失误差是由实验人员粗心大意、过度疲劳或操作不正确引起的。此类误差无规则可循，只有加强责任感，多方警惕，细心操作，才可以避免过失误差。

**3. 精密度、准确度和精确度**

反映测量结果与真值接近程度的量称为精度（亦称精确度），它与误差大小相对应，测量的精度越高，其测量误差越小。"精度"应包括精密度和准确度两层含义。

1）精密度

测量中所测得数值重现性的程度,称为精密度。它反映偶然误差的影响程度,精密度高就表示偶然误差小。

2）准确度

测量值与真值的偏离程度,称为准确度。它反映系统误差的影响程度,准确度高就表示系统误差小。

3）精确度（精度）

它反映测量中所有系统误差和偶然误差的综合影响程度。在一组测量中,精密度高的准确度不一定高,准确度高的精密度也不一定高,但精确度高则精密度和准确度都高。

**4. 误差的表示方法**

测量结果总不可能准确地等于被测量的真值,而只是它的近似值。测量的质量高低以测量精确度作指标,根据测量误差的大小来估计测量的精确度,测量结果的误差越小,则认为测量越精确。

1）绝对误差

测量值 $X$ 与真值 $A_0$ 之差为绝对误差,通常称为误差 $D$。即

$$D = X - A_0 \qquad (2.5)$$

由于真值 $A_0$ 一般无法得到,故式(2.5)只有理论意义。常用高一级标准仪器的示值作为实际值 $A$ 代替真值 $A_0$。由于高一级标准仪器的误差较小,因而 $A$ 比测量值 $X$ 更接近真值 $A_0$。$X$ 与 $A$ 的差值称为仪器的示值绝对误差 $e$。即

$$e = X - A \qquad (2.6)$$

与 $e$ 相反的数值称为修正值 $C$,即

$$C = -e = A - X \qquad (2.7)$$

可以由高一级标准仪器给出被检测仪器的修正值 $C$,利用修正值可以求出仪器的实际值 $A$。即

$$A = X + C \qquad (2.8)$$

2）相对误差

相对误差 $\delta_A$ 是衡量某一测量值的准确程度,示值绝对误差 $e$ 与被测量的实际值 $A$ 的百分比值称为实际相对误差。即

$$\delta_A = \frac{e}{A} \times 100\% \qquad (2.9)$$

以仪器的示值 $X$ 代替实际值 $A$ 的相对误差称为示值相对误差 $\delta_X$。即

$$\delta_X = \frac{e}{X} \times 100\% \qquad (2.10)$$

3）引用误差

引用误差 $\delta$ 为仪表示值的绝对误差与量程范围之比。即

$$\delta = \frac{e}{X_n} \times 100\% \tag{2.11}$$

式中　$e$——示值的绝对误差；

　　　$X_n$——量程范围，其值＝标尺上限值－标尺下限值。

4）算术平均误差

算术平均误差 $\delta_\text{平}$ 是各个测量点的误差的平均值。即

$$\delta_\text{平} = \frac{\sum |e_i|}{n}, \quad i = 1, 2, \cdots, n \tag{2.12}$$

式中　$e_i$——第 $i$ 次测量误差；

　　　$n$——测量次数。

5）标准误差

标准误差 $\sigma$ 又称为均方根误差，定义为

$$\sigma = \sqrt{\frac{\sum e_i^2}{n}} \tag{2.13}$$

式(2.13)适用于无限测量的情况，实际测量工作中可采用式(2.14)。

$$\sigma = \sqrt{\frac{\sum e_i^2}{n-1}} \tag{2.14}$$

标准误差 $\sigma$ 的大小只说明在一定条件下等精度测量集合所包含的每一个观测值对其算数平均值的分散程度，$\sigma$ 的值越小则说明每一个观测值对其算术平均值分散度越小、测量精度越高，反之精度越低。

## 2.1.2　误差的基本性质

由基础力学实验直接测量或间接测量得到有关的参数数据，这些参数数据的可靠程度如何？如何提高其可靠性？为了回答这些问题，很有必要研究在给定条件下误差的基本性质和变化规律。

### 1. 误差的正态分布

如果测量数据中不包括系统误差和过失误差，那么从大量的实验中发现，偶然误差的大小有如下几个特征。

（1）绝对值小的误差比绝对值大的误差出现的机会多，即误差的概率与误差的大小有关，这是误差的单峰性。

（2）绝对值相等的正误差和负误差出现的次数相等，即误差的概率相同，这是误差的

对称性。

（3）极大的正误差或负误差出现的概率都非常小,即大的误差一般不会出现,这是误差的有界性。

（4）随着测量次数的增加,偶然误差的算术平均值趋近于零,这是误差的抵偿性。

根据上述误差特征,误差分布曲线如图 2.1 所示,图中横坐标表示偶然误差,纵坐标表示误差出现的概率,以 $y=f(x)$ 表示。其数学表达式由高斯提出,具体形式如式(2.15)所示。

$$y=\frac{1}{\sqrt{2\pi}\sigma}\mathrm{e}^{-\frac{x^2}{2\sigma^2}}\tag{2.15}$$

式(2.15)称为高斯误差分布定律,亦称为误差方程,其中 $\sigma$ 为标准误差。

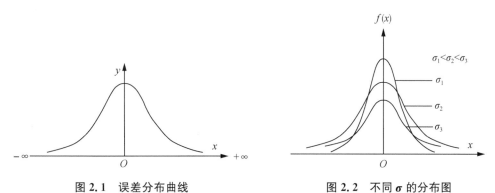

图 2.1　误差分布曲线　　　　　　图 2.2　不同 $\sigma$ 的分布图

如果误差按式(2.15)函数关系分布,则称为正态分布, $\sigma$ 越小,测量精度越高,分布曲线的峰越高; $\sigma$ 越大,分布曲线越平坦且越宽,如图 2.2 所示。由此可知, $\sigma$ 越小,小误差占的比重越大,测量精度越高;反之,则大误差占的比重越大,测量精度越低。

**2. 测量集合的最佳值**

在测量精度相同的情况下,测量一系列观测值 $M_1,M_2,\cdots,M_n$ 所组成的测量集合,假设其平均值为 $M_m$ ,则各自测量误差为

$$x_i=M_i-M_m,\quad i=1,2,\cdots,n\tag{2.16}$$

当采用不同的方法计算平均值时,所得到的误差值不同,误差出现的概率也不同。若选取适当的计算方法,使误差最小,而概率最大,由此计算的平均值为最佳值。根据高斯分布定律,只有各点误差平方和最小,才能实现概率最大,这就是最小二乘法。由此可见,对于一组精度相同的测量值,采用算数平均得到的值是该组测量值的最佳值。

## 2.2　实验数据处理

### 2.2.1　有效数字

在表达一个数量时,其中的每一个数字都是准确的、可靠的,而只允许保留最后一位

估计数字,这个数量的每一个数字为有效数字。

有效数字通常由几位准确数字(高位)加一位估计数字(最低位)组成。准确数字加估计数字的位数总和,称为测量数据的有效数字的位数,或说几位有效数字。工程上常取三位或四位有效数字,根据测量精度要求,可能需要取五六位有效数字或更多。

测量数据末一位数字一般是估计得来,具有一定的误差和不确定性。例如,用千分尺测量试样的直径,读数为 10.29 mm,其中百分位是 9,因此千分尺的精度是 0.01 mm,百位上的 9 已不大准确,而前三位数肯定是准确可靠的,最后一位数字则带有估计的性质,对于测量结果,只允许保留最后一位不准确数字,这是一个四位的有效数字的数量。然而,对于某些理论计算,如 1/3 和 $\sqrt{2}$ 可以根据需要计算到任意位数的有效数字,如 π 可以取 3.14,3.141,3.141 5,3.141 59 等。故这一类数量,其有效数字是无限的。

在数据有效数字的判定中,0 是一个必须重点关注的数字。一个数据,除了起定位作用的 0 外,其他位置的数字 0 都是有效数字。0 在数字之间与末尾数时均为有效数字,如 12.30 mm、10.08 mm,其中出现的 0 都是有效数字。小数点前面出现的 0 和它之后紧接着的 0 都不是有效数字。例如,在测量一个杆件长度时得到 0.006 30 m,这时前面的三个 0 都不是有效数字,这些 0 只与所取的单位有关,而与测量精度无关,此值为 6.30 mm,故有效数字是三位。

对于指数表示法,例如,26000 如果写成 $2.6 \times 10^4$,表示有效数字为两位,如果写成 $2.60 \times 10^4$,则表示有效数字为三位。当没有小数时常采用指数形式表示。

在实验结果处理中,因变量 $y$ 的数字位数取决于自变量 $x$,如果自变量 $x$ 测定时有误差,则其有效数字位数取决于实验精确度。例如,测量拉伸试样的直径,其名义值为 10 mm,如果用千分尺测量,其精度为 0.01 mm,因此试样直径有效数字可以是 10.01、10.02、9.97、9.98 等。根据直径计算的试样横截面为三位有效数字,再根据实验测得的载荷量计算屈服强度和抗拉强度,这些应力值有效数字位数最多取三位。

## 2.2.2　数值修约规则

由于测量精度或者近似计算的需要,常常要对位数多的近似数或精确度截尾,称为数值修约。数值修约将减少有效数字位数。

对于位数很多的近似数,当有效位数确定后,应舍去后面多余的数字,而保留的有效数字最末一位数字应该根据现行国家标准《数值修约规则与极限数值的表示和判定》(GB/T 8170—2008)进行舍入。舍入规则有以下五条基本规则,即四舍六入、五成双法则(1 单位修约):

(1) 拟舍弃的数字中,若左边第一个数字大于 5(不包括 5),则保留的最末位数字加 1。

(2) 拟舍弃的数字中,若左边第一个数字小于 5(不包括 5),则保留的最末尾数字不变。

(3) 拟舍弃的数字中,若左边第一个数字是 5,且 5 后数字不为 0,则保留的最末位数字加 1。

(4) 拟舍弃的数字中,若左边第一个数字是 5,且 5 后数字皆为 0,则保留的最末位数字为奇数加 1,偶数不变。

(5) 拟舍弃的数字中,若为两位数字以上,不得连续进行多次舍入,应根据所舍弃数字左边第一个数字的大小,按上述规则一次舍入到位得到结果。

例如,按照上述舍入规则,将下面各数据保留四位有效数字,结果见表 2.1。

表 2.1　数值舍入实例

| 原始数据 | 舍入后数据 | 舍入依据 |
|---|---|---|
| 5.141 59 | 5.142 | (3) |
| 3.717 29 | 3.717 | (2) |
| 2.512 50 | 2.512 | (4)(第四位有效数字是偶数) |
| 1.215 50 | 1.216 | (4)(第四位有效数字是奇数) |
| 7.434 60 | 7.435 | (1) |

数字舍入会引起舍入误差,但按照上述规则进行舍入,其舍入误差绝不会超过保留数字最末位的半个单位,并且被舍入的数字不是见 5 就入,从而使舍入误差成为随机误差,在大量运算时,舍入误差的均值趋于零,这样就避免了按四舍五入规则时,因舍入误差的累积而产生系统误差。

## 2.2.3　实验数据修约

对于实验测量结果,数值修约是必要的。为了保证运算过程中不损失精度,运算过程中可以不做舍入计算,而仅在提交测试结果时进行一次性修约计算。

在许多场合中,并不要求按最多的有效数字位数提供测量结果。也许测量仪器及测量方法能保证四位有效数字,但测量结果可能只要求提供三位或更少位数的有效数字数值,这时应该按要求进行修约运算后提交。

对于测量结果数值的修约,常常提出修约间隔的要求,如国家标准《金属材料　拉伸试验　第 1 部分:室温试验方法》(GB/T 228.1—2021)对测试的机械性能结果的数值,提出的修约间隔要求见表 2.2。

表 2.2　GB/T 228.1—2021 对性能结果数值的修约间隔要求

| 测试项目 | 范围 | 修约到 |
|---|---|---|
| $R_{eH}$、$R_{eL}$、$R_P$、$R_t$、$R_m$ | ≤200 MPa | 1 MPa |
|  | 200～1 000 MPa | 5 MPa |
|  | >1 000 MPa | 10 MPa |
| $A$ | ≤10% | 0.5% |
|  | >10% | 1.0% |
| $Z$ | ≤25% | 0.5% |
|  | >25% | 1.0% |

修约间隔是确定修约保留位数的一种方式。修约间隔的数值一经确定,修约值即应为该数值的整数倍。最常用的修约间隔为 1 单位、0.5 单位和 0.2 单位三种。

按本书中所述方法,修约即称为 1 单位修约。0.5 单位修约(半个单位修约)是指修约间隔为指定数位的 0.5 单位,即修约到指定数位的 0.5 单位,这时有效数字的末尾不会出现 0 和 5 之外的数字。0.2 单位修约是指修约间隔为指定数位的 0.2 单位,即修约到指定位数的 0.2 单位,这时有效数字末位数都是偶数。对于 0.5 单位和 0.2 单位修约的计算规则,具体方法如下。

(1) 0.5 单位修约(半个单位修约):修约间隔为指定位数的 0.5 单位,即修约至指定位数的 0.5 单位。将拟修约数字乘以 2,按指定数位依进舍规则修约,所得数值再除以 2。

(2) 0.2 单位修约:修约间隔为指定位数的 0.2 单位,即修约至指定位数的 0.2 单位。将修约数字乘以 5,按指定位数依进舍规则修约,所得数值再除以 5。

0.5 单位修约与 0.2 单位修约示例见表 2.3。

表 2.3　0.5 单位修约与 0.2 单位修约示例

| 0.5 单位修约 | | | | 0.2 单位修约 | | | |
|---|---|---|---|---|---|---|---|
| $X$(拟修约值) | $2X$(拟修约值乘以 2) | $2X$ 修约值(修约间隔 1) | $X$ 修约值(修约间隔 0.5) | $X$(拟修约值) | $5X$(拟修约值乘以 5) | $5X$ 修约值(修约间隔 1) | $X$ 修约值(修约间隔 0.2) |
| 60.25 | 120.50 | 120 | 60.5 | 8.30 | 41.50 | 42.00 | 8.4 |
| 60.38 | 120.76 | 121 | 60.5 | 8.42 | 42.10 | 42.00 | 8.4 |
| −60.75 | −121.50 | −122 | −61 | −9.3 | −46.50 | −46.00 | −9.2 |

# 第3章　材料的力学性能实验

## 3.1　金属材料的拉伸实验

拉伸实验是测定材料在静载荷作用下机械性能最基本和最重要的实验之一。这不仅因为拉伸实验简便易行、易于分析,且测试技术较为成熟;更重要的是,工程设计中所选用材料的强度、塑性和弹性模量等机械性能指标,大多以拉伸实验为主要依据。本实验将选用两种典型的材料——低碳钢和铸铁,作为常温和静载荷下塑性和脆性材料的代表,分别进行拉伸和压缩实验。

### 3.1.1　实验目的

(1) 测定低碳钢拉伸时的屈服强度 $R_{eL}$、抗拉强度 $R_m$、断后伸长率 $A$ 和断面收缩率 $Z$;测定铸铁拉伸时的抗拉强度 $R_m$ 和断后伸长率 $A$。

(2) 观察低碳钢和铸铁这两种材料在拉伸破坏过程中的不同现象、断口特征和实验数据等,分析其力学性能。

(3) 学会使用电子万能试验机测试金属材料的力学性能。

### 3.1.2　实验设备

(1) 电子万能试验机;

(2) 电子数显卡尺。

### 3.1.3　实验试样

由于试样的形状和尺寸对实验结果有一定的影响,为了使实验结果具有可比性,试样应按统一规定加工成标准试样。按现行国家标准《金属材料　拉伸试验　第1部分:室温试验方法》(GB/T 228.1—2021)规定,拉伸试样可分比例试样和非比例试样两种。比例试样是指按相似原理,原始标距 $L_0$ 与试样横截面积平方根 $\sqrt{S_0}$ 有一定的比例关系,即 $L_0 = k\sqrt{S_0}$,$k$ 取 5.65 或 11.3,前者称短比例试样,后者称长比例试样,并修约到 5 mm、10 mm 的整倍数长。国际上使用的比例系数 $k$ 的值为 5.65。原始标距 $L_0$ 应不小于 15 mm。当试样横截面积太小,以致采用比例系数 $k$ 为 5.65 的值不能符合这一最小标距要求时,可以采用较高的值(优先采用11.3)或非比例试样。当选用小于 20 mm 标距的试样时,测量不确定度可能增加。

对圆形截面试样,二者的 $L_0$ 则分别为 $L_0=5d_0$ 和 $L_0=10d_0$。一般推荐用短比例试样。非比例试样是指取规定 $L_0$ 长度,与 $S_0$ 无比例关系。

图 3.1 为圆形截面试样实验前后的图形。其中,$d_0$ 为圆形截面试样平行长度的原始直径;$L_u$ 为断后标距;$L_0$ 为原始标距;$S_0$ 为平行长度的原始横截面积;$L_c$ 为平行长度;$S_u$ 为断后最小横截面积。$L_t$ 为试样总长度;$r$ 为过渡圆弧半径。注意,试样头部形状仅为示意性。试样头部与平行部分要过渡缓和,以减少应力集中,其圆弧半径 $r$ 依试样尺寸、材质和加工工艺而定,圆形截面试样 $r \geqslant 0.75d_0$。试样两端头部形状依试验机夹头形式而定,要保证拉力通过试样轴线,不产生附加弯矩,其长度 $H$ 至少为夹具长度的 3/4。中部平行长度 $L_c \geqslant L_0 + d_0/2$。为测定断后伸长率 $A$,要在试样上标出原始标距 $L_0$,可采用画线或打点法,标出一系列等分格标记。

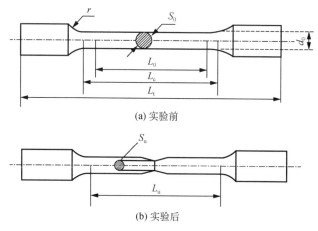

(a) 实验前

(b) 实验后

图 3.1　圆形截面试样

图 3.2 为矩形截面试样实验前后的图形。其中,$a_0$ 为矩形截面试样原始厚度或管壁原始厚度;$b_0$ 为矩形截面试样平行长度的原始宽度;$L_0$ 为原始标距;$L_c$ 为平行长度;$L_t$ 为试样总长度;$L_u$ 为断后标距;$S_0$ 为平行长度的原始横截面积;1 为夹持头部。注意,试样头部形状仅为示意性。

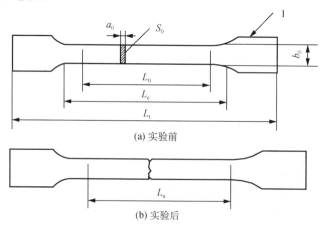

(a) 实验前

(b) 实验后

图 3.2　矩形截面试样

矩形截面试样的 $r \geqslant 12$ mm，$L_c \geqslant L_0 + 1.5\sqrt{S_0}$，非比例试样等需满足国家标准《金属材料 拉伸试验 第 1 部分：室温试验方法》(GB/T 228.1—2021)附录 G.2 的规定。

实验室中一般取圆形截面试样作为拉伸试样。取试样工作段的两端和中间共三个截面，每个截面在相互垂直的方向各量取一次直径，取算术平均值作为该截面的平均直径，再取这三个横截面积的平均值作为被测拉伸试样的原始横截面积。

## 3.1.4 实验原理

**1. 拉伸力学性能的试验定义和测定**

1）低碳钢屈服强度 $R_{eL}$、上屈服强度 $R_{eH}$、下屈服强度 $R_{eL}$

屈服前的第 1 个峰值应力（第 1 个极大值应力）为上屈服强度 $R_{eH}$。屈服阶段中如呈现两个或两个以上的谷值应力，舍去第一个谷值应力（第一个极小值应力），取其余谷值应力中最小者为下屈服强度 $R_{eL}$。如果只有一个下降谷，此谷值应力即为下屈服强度 $R_{eL}$；屈服阶段中呈现屈服平台，平台应力为下屈服强度 $R_{eL}$；如呈现多个且后者高于前者的屈服平台，则第 1 个平台应力为下屈服强度 $R_{eL}$；正确的判定结果是下屈服强度 $R_{eL}$ 低于上屈服强度 $R_{eH}$。本实验系测定材料的下屈服强度 $R_{eL}$。

$$R_{eH} = \frac{F_{eH}}{S_0}, \ R_{eL} = \frac{F_{eL}}{S_0} \tag{3.1}$$

2）抗拉强度 $R_m$

拉伸过程中最大载荷与原始横截面积之比称为抗拉强度 $R_m$，低碳钢和铸铁的计算方法相同。

$$R_m = \frac{F_m}{S_0} \tag{3.2}$$

3）断后伸长率 $A$、断面收缩率 $Z$

断后标距的残余伸长（$L_u - L_0$）与原始标距 $L_0$ 之比的百分率称为断后伸长率 $A$。断裂后试样横截面积的最大缩减量（$S_0 - S_u$）与原始横截面积 $S_0$ 之比的百分率称为断面收缩率 $Z$。低碳钢和铸铁的计算公式相同。

$$A = \frac{L_u - L_0}{L_0} \times 100\%$$
$$Z = \frac{S_0 - S_u}{S_0} \times 100\% \tag{3.3}$$

其中，$L_u$ 是试样断后标距，为了测试断后伸长率，应将试样断裂的部分仔细地配接在一起，使其轴线处于同一直线上，并采取特别措施确保试样断裂部分适当接触后测量试样断后标距，这对小横截面试样和低伸长率试样尤为重要。短、长比例试样的断后伸长率分别以符号 $A_{5.65}$、$A_{11.3}$ 表示。非比例试样（定标距试样）的断后伸长率应附以脚注说明所使用的原始标距，以毫米（mm）表示，例如：$A_{80\,mm}$ 表示原始标距为 80 mm 的断后伸长率。

颈缩处最小横截面积 $S_u$ 的测定,是在断口按原样沿同一轴线对接后,在颈缩最小处两个相互垂直的方向上测量其直径,取二者的算术平均值计算颈缩面积。

4) 移位法测定断后伸长率

许多塑性材料在断裂前发生颈缩(如低碳钢),会发生不均匀伸长(断口处伸长最大),若断口发生在标距内的不同位置,量取的 $L_u$ 也会不同。为具有可比性,当断口到最邻近标距端点的距离大于 $L_0/3$ 时,直接测量断后标距;当断口到最邻近标距端点的距离小于或等于 $L_0/3$ 时,需采用移位法测定断后伸长率。具体方法如下:

(1) 试验前将试样原始标距细分为 5 mm(推荐)到 10 mm 的 $N$ 等份;

(2) 试验后,以符号 $X$ 表示断裂后试样短段的标距标记,以符号 $Y$ 表示断裂试样长段的等分标记,此标记与断裂处的距离最接近于断裂处至标距标记 $X$ 的距离。

如 $X$ 与 $Y$ 之间的分格数为 $n$,按如下方法测定断后伸长率:

(1) 如 $N-n$ 为偶数[图 3.3(a)],测量 $X$ 与 $Y$ 之间的距离 $l_{XY}$ 以及从 $Y$ 至距离为 $\dfrac{N-n}{2}$ 个分格的 $Z$ 标记之间的距离 $l_{YZ}$。按照式(3.4)计算断后伸长率:

$$A = \frac{l_{XY} + 2l_{YZ} - L_0}{L_0} \times 100\% \tag{3.4}$$

(2) 如 $N-n$ 为奇数[图 3.3(b)],测量 $X$ 与 $Y$ 之间的距离 $l_{XY}$ 以及从 $Y$ 至距离为 $\dfrac{1}{2}(N-n-1)$ 和 $\dfrac{1}{2}(N-n+1)$ 个分格的 $Z'$ 和 $Z''$ 标记之间的距离 $l_{YZ'}$ 和 $l_{YZ''}$。按照式(3.5)计算断后伸长率:

$$A = \frac{l_{XY} + l_{YZ'} + l_{YZ''} - L_0}{L_0} \times 100\% \tag{3.5}$$

式中 $n$——$X$ 与 $Y$ 之间的分格数;

$N$——等分的份数;

$X$——试样较短部分的标距标记;

$Y$——试样较长部分的标距标记;

$Z$,$Z'$,$Z''$——分度标记。

(注意,试样头部形状仅为示意性。)

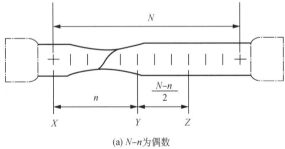

(a) $N-n$ 为偶数

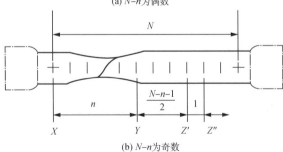

(b) $N-n$ 为奇数

图 3.3 移位法测定断后伸长率示意图

## 2. 低碳钢拉伸

低碳钢一般是指含碳量在 0.3% 以下的碳素结构钢,是在工程上被广泛使用的材料。本次实验采用牌号为 Q235 的碳素结构钢,其含碳量为 0.14%～0.22%,把试样装在电子万能试验机上进行拉伸实验,拉力由负荷传感器测得,位移由光电编码传感器测得,变形由安装在试样上的电子引伸计测得。由于负荷传感器、位移传感器和电子引伸计都通过数字控制器与计算机相连接,因此低碳钢拉伸时的力—位移曲线、力—变形关系曲线都直接反映在显示器上,同步保存于计算机。通过软件计算,也可获得对应低碳钢拉伸时的应力—应变关系曲线。

典型的低碳钢拉伸时力—变形关系曲线($F$-$\Delta L$ 曲线)和应力—应变曲线($R$-$\varepsilon$ 曲线),可分为四个阶段(分别如图 3.4 和图 3.5 所示)。

1) 弹性阶段 $OA$

拉伸初始阶段为弹性阶段($OA$),在此阶段若卸载,试样的伸长变形即消失,故弹性变形是可以恢复的变形。在此阶段,力 $F$ 与变形 $\Delta L$ 成正比关系。由于弹性模量是材料在线性弹性范围内的轴向应力与轴向应变之比,即 $E=\sigma/\varepsilon=\tan\alpha$,$\alpha$ 为曲线上 $OA$ 段与横坐标轴的夹角,$OA'$ 段为弹性阶段但是为非比例阶段。

2) 屈服阶段 $A'B$

继续增加载荷,当试验进行到 $A'$ 点以后,试样继续变形,力却不再增加,而是出现一段比较平坦的波浪线。若试样表面加工光洁,那么此时可看到 45°倾斜的滑移线。这种现象称为屈服,即进入屈服阶段($A'B$ 段)。其特征值屈服强度表征材料抵抗永久变形的能力,是材料重要的力学性能指标。载荷分为上屈服荷载 $F_{\mathrm{eH}}$ 和下屈服荷载 $F_{\mathrm{eL}}$,如图 3.4 所示。屈服强度分为上屈服强度和下屈服强度,分别用 $R_{\mathrm{eH}}$ 和 $R_{\mathrm{eL}}$ 表示,如图 3.5 所示。工程上通常采用下屈服强度 $R_{\mathrm{eL}}$ 作为设计依据。

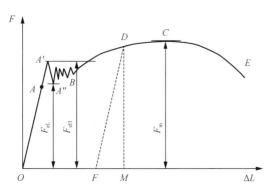
图 3.4　低碳钢拉伸时的 $F$-$\Delta L$ 曲线

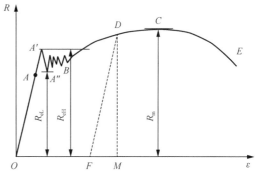
图 3.5　低碳钢拉伸时的 $R$-$\varepsilon$ 曲线

3) 强化阶段 $BC$

过了屈服阶段($B$ 点),力又开始增加,曲线亦趋上升,说明材料结构组织发生变化,得到强化,需要增加载荷才能使材料继续变形。随着载荷增加,曲线斜率逐渐减小,直到 $C$ 点达到峰值,该点为抗拉极限载荷,即试样能承受的最大载荷 $F_{\mathrm{m}}$。此阶段称为强化阶段($BC$ 段)。若在强化阶段某点 $D$ 卸去载荷,可看到此时曲线沿着与弹性阶段($OA$)近似平行的直线($DF$)降到 $F$ 点,若再加载,它又沿此直线($DF$)升到 $D$ 点,说明亦为线弹性关系。$D$ 点的变形可分为两部分,即可恢复的弹性变形($FM$ 段)和残余(永久)的塑性变形($OF$ 段)。这种在常温下冷拉过屈服阶段后呈现的性质称为冷作硬化。在工程上常利用冷作硬化来提高钢筋和钢缆绳等构件在线弹性范围内所能承受的最大载荷,但此工艺降低了材料的塑性性能。

4）颈缩阶段 CE

材料强化到达最高点 C 以后,试样出现不均匀的轴线伸长,在某薄弱处,截面明显收缩,直到断裂,称为颈缩现象。因截面不断削弱,承载力减小,曲线呈下降趋势,直到断裂点 E,该阶段为颈缩阶段（CE 段）。颈缩现象是材料内部晶格剪切滑移的表现。拉伸试样破坏后断口形状如图 3.6 所示。

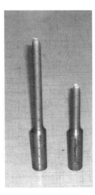

图 3.6　拉伸试样破坏后断口形状
（左低碳钢,右铸铁）

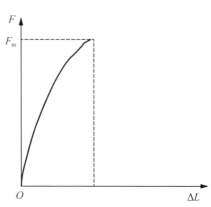

图 3.7　铸铁拉伸的 $F$-$\Delta L$ 曲线

### 3. 铸铁拉伸

铸铁拉伸的 $F$-$\Delta L$ 曲线（图 3.7）较之低碳钢简单,在变形很小时就达到最大载荷而突然发生断裂破坏,没有屈服和颈缩现象,其抗拉强度也远远小于低碳钢。

### 3.1.5　实验方法与步骤

扫码观看:
低碳钢拉伸
和压缩实验
操作指导视
频

（1）启动计算机及控制器后,双击桌面联机图标,然后分别点击电脑桌面 CSS 联机图标和启动按钮。（以电子万能试验机 CSS-44000 为例,详见 3.6.2 节）

（2）在实验软件操作界面的下拉菜单中选择条件,点击条件读盘,选低碳钢或铸铁拉伸实验,选择实验所需测试的力学参数、实验曲线绘制及控制条件等参数。

（3）安装试样,调节机器横梁升降至合适位置,放入试样并对准夹头孔中心,使试样只受到轴向拉伸荷载的作用,分别旋转上下夹头,夹紧试样。如果由于夹具原因在夹紧试样时,试样可能已经受力,需要卸除载荷。

（4）低碳钢拉伸实验时需要安装引伸计,安装好后拔出定位销。

扫码观看:
铸铁拉伸操
作方法视频

（5）开始实验前,用鼠标右键点击力显示框等清零,而后点击开始试验按钮。若安装了引伸计,当变形超过设定值（一般设定变形达到 10 mm）时机器会发出提示音,提醒摘下引伸计。此时点击摘引伸计钮,马上摘除引伸计,实验继续进行,直至试样被破坏。

（6）当试样被破坏后,按结束实验钮并保存结果,点击打印预览查看实验报告并打印实验结果。

### 3.1.6　实验分析与讨论

（1）低碳钢拉伸实验过程中,在屈服阶段速度为什么不能太快?

（2）低碳钢和铸铁材料拉伸被破坏的断口形状有何特点,分析其被破坏的力学原因。

（3）简述冷作硬化的力学特性及其在工程上的应用。

## 3.2　金属材料的压缩实验

### 3.2.1　实验目的

（1）通过观察低碳钢和铸铁这两种不同性能材料的压缩破坏过程,分析实验数据、断口特征,了解它们的力学性能特点。

（2）测定低碳钢压缩时的屈服强度 $R_{\text{eLc}}$,测定铸铁压缩时的抗压强度 $R_{\text{mc}}$。

### 3.2.2　实验设备

（1）电子万能试验机;

（2）电子数显卡尺。

### 3.2.3　实验试样

压缩试样常用圆柱体试样和正方形柱体试样,试样应符合《金属材料　室温压缩试验方法》(GB/T 7314—2017)的规定。为了防止试样失稳,且使试样中段为均匀单向压缩(距端面小于 $0.5d$ 内,受端面摩擦力影响,应力分布不是均匀单向的),试样长度一般为 $L=(2.5\sim3.5)d$ 和 $L=(2.5\sim3.5)b$。为防止偏心受力引起的弯曲影响,对两端面的不平行度及它们与圆柱轴线的不垂直度也有一定要求。本实验采用圆柱体试样,圆柱体、正方形柱体压缩试样分别如图 3.8 和图 3.9 所示。

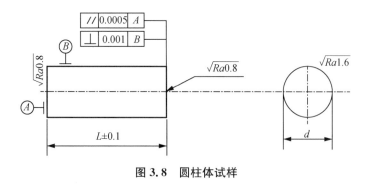

**图 3.8　圆柱体试样**

图 3.8 中　$L$ ——试样长度 $[L=(2.5\sim3.5)d$ 或 $(5\sim8)d$ 或 $(1\sim2)d]$,单位(mm);

　　　　　$d$ ——原始直径 $[d=(10\sim20)\pm0.05]$,单位(mm)。

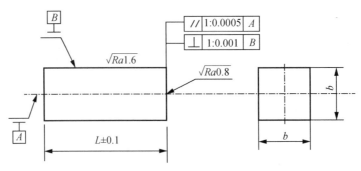

图 3.9　正方形柱体试样

图 3.9 中　$L$ ——试样长度 $[L=(2.5\sim3.5)b$ 或 $(5\sim8)b$ 或 $(1\sim2)b]$，单位(mm)；

$b$ ——试样原始宽度 $[b=(10\sim20)\pm0.05]$，单位(mm)。

圆柱体试样应在原始标距中点处两个相互垂直的方向测量直径，取算术平均值作为被测压缩试样的原始直径；正方形柱体试样的厚度和宽度应在试样原始标距中点处测量。

### 3.2.4　实验原理

**1. 压缩力学性能的实验定义和测定**

1）压缩时屈服强度 $R_{eLc}$

对于呈现明显屈服(不连续屈服)现象的金属材料，相关产品标准应规定测定上压缩屈服强度、下压缩屈服强度或测定两者。如未作具体规定，则仅测定下压缩屈服强度。在自动绘制的力—变形曲线图上(图 3.10)，判读力首次下降前的最高实际压缩力 $F_{eHc}$ 和不计初始瞬时效应时屈服阶段中的最低实际压缩力或屈服平台的恒定实际压缩力 $F_{eLc}$。上压缩屈服强度 $R_{eHc}$ 和下压缩屈服强度 $R_{eLc}$ 按式(3.6)计算，低碳钢压缩实验仅测试下压缩屈服强度。

$$R_{eHc}=\frac{F_{eHc}}{S_0},\ R_{eLc}=\frac{F_{eLc}}{S_0} \tag{3.6}$$

2）铸铁抗压强度 $R_{mc}$

试样受压至破坏前承受的最大载荷与原始横截面积之比称为抗压强度，按照式(3.7)计算。

$$R_{mc}=\frac{F_m}{S_0} \tag{3.7}$$

**2. 低碳钢压缩**

低碳钢压缩曲线(图 3.10)也有屈服阶段，当载荷超过屈服值以后，由于低碳钢是塑性材料，继续加载也不会出现明显破坏，只会越压越扁，同时试样的横截面积也越来越大，这就无法测定低碳钢试样的抗压强度。由于试样两端面受摩擦力影响，中间部分不可能自由地发生横向变形，因此试样变形后逐渐被压成鼓形，如果再继续加载，试样则由鼓形再变成象棋形状甚至饼形(图 3.11)。一般不测量塑性材料的抗压强度,通常认为其抗压强度数值上等于抗拉强度。

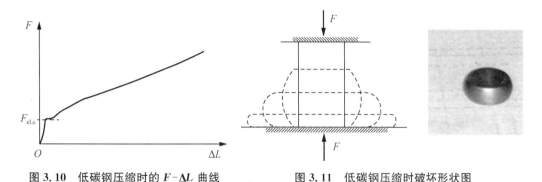

图 3.10 低碳钢压缩时的 $F$-$\Delta L$ 曲线     图 3.11 低碳钢压缩时破坏形状图

### 3. 铸铁压缩

以铸铁为代表的脆性金属材料,塑性变形很小。铸铁压缩曲线(图 3.12)与铸铁拉伸曲线相似,不过其抗压强度要比抗拉强度大得多。试样破坏时断裂面大约和试样轴线成 $45° \sim 55°$,这是由于脆性材料的抗剪强度低于抗压强度,从而使试样被剪断(图 3.13)。

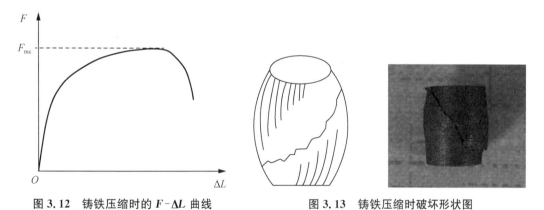

图 3.12 铸铁压缩时的 $F$-$\Delta L$ 曲线     图 3.13 铸铁压缩时破坏形状图

## 3.2.5 实验方法与步骤

(1) 启动计算机后,双击桌面 CSS 联机图标,然后分别点击联机钮和启动钮(以电子万能试验机 CSS-44000 为例,详见 3.6.2 节)。

(2) 在菜单栏选择条件,点击条件读盘,选低碳钢或铸铁压缩实验,选择需要的测试力学参数、选择控制条件等。

(3) 安装试样,试样放置应使试样纵轴中心线与压头轴线重合。通过调节机器横梁升降,上压头距离试样较远时横梁速度下降可以快一些,快接近时需要采用比较慢的速度下降横梁;密切观察上压头与试样表面的距离,越接近越好,但不可直接碰触,以免接触过载,损坏机器。

扫码观看:
铸铁压缩实验操作方法指导视频

（4）在开始实验前清零，然后点击"开始试验"按钮。当试样破坏后，按"结束试验"按钮并保存结果。对于低碳钢压缩实验，由于使用的试样是塑性材料，越压越扁，没有最大抗压强度，一般在试验机最大量程内结束实验。本实验当加载到 100 kN 左右时，结束实验。注意，进行脆性材料实验时，不可低头观看，防止试样碎片飞出伤人或损坏仪器。

（5）将实验报告打印出来，观察分析试样断口形状，关闭试验机和电脑。

### 3.2.6　实验分析与讨论

（1）试比较塑性材料和脆性材料在压缩时的变形及断口形状有什么不同，为什么？

（2）试对铸铁拉伸时的抗拉强度和压缩时的抗压强度进行比较分析。

## 3.3　扭转实验

扭转实验是对杆件施加绕轴线转动的力偶矩，以测定其扭转变形和力学性能的实验，是材料力学的一项重要实验。

### 3.3.1　实验目的

（1）测定低碳钢扭转时的剪切屈服强度 $\tau_{eL}$、抗扭强度 $\tau_m$ 和单位扭角 $\theta$；测定铸铁扭转时的抗扭强度 $\tau_m$ 和单位扭角 $\theta$。

（2）观察低碳钢和铸铁在扭转实验时的破坏过程、断口特征，并分析实验数据，比较二者的扭转力学性能。

（3）学会电子式扭转试验机的操作方法。

### 3.3.2　实验设备

（1）电子式扭转试验机；

（2）电子数显卡尺。

### 3.3.3　实验试样

根据现行国家标准《金属材料　室温扭转试验方法》(GB/T 10128—2007)的规定，金属扭转实验所使用试样如图 3.14 所示。推荐采用直径为 10 mm、标距 $L_0$ 分别为 50 mm 和 100 mm、平行长度 $L_c$ 分别为 70 mm 和 120 mm 的试样。试样头部（两端部）的形状和尺寸应该根据试验机夹头结构而定。如果采用其他直径的试样，其平行长度 $L_c$ 应为标距加上 2 倍直径。圆形扭转试样如图 3.14 所示。

取试样标距的两端和中间共三个截面，每个截面在相互垂直的方向各量取一次直径，取其算术平均值，取用三处测得直径的算数平均值计算试样的极惯性矩，取用三处测得直径的算数平均值中的最小值计算试样的截面系数。

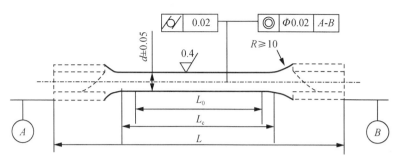

图 3.14　圆形扭转试样(单位:mm)

### 3.3.4　实验原理

扭转实验时,在试样两端缓慢地施加扭转力矩。从实验开始直至破断,试样工作长度上塑性变形都是均匀的。横截面上经受切应力,试样表面的应力状态如图 3.15 所示。当最大切应力大于材料的抗剪强度时,材料呈切断形式,断面垂直于试样轴线;当最大正应力大于材料的抗拉强度时,材料呈正断形式,断面与试样轴线呈 45°。因此,扭转实验可明显地区分材料是正断还是切断的断裂方式。在扭转实验过程中,试样横截面沿直径方向的切应力和切应变是不均匀的,试样表面所受的切应力和切应变最大,如图 3.16 所示。扭转的断裂源首先产生于试样表面,故扭转实验可灵敏地显示金属表面的缺陷。

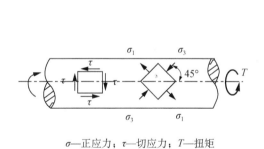

σ—正应力;τ—切应力;T—扭矩

图 3.15　扭转试样表面应力状态

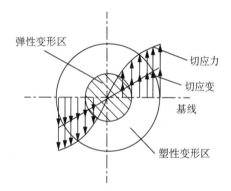

图 3.16　扭转试样断面应力和应变分布

**1. 上屈服强度 $\tau_{eH}$ 和下屈服强度 $\tau_{eL}$**

实验机自动绘制扭矩—扭角曲线。首次下降前的最大扭矩为上屈服扭矩 $T_{eH}$,屈服阶段中不计初始瞬时效应的最小扭矩为下屈服扭矩 $T_{eL}$,如图 3.17 所示。按弹性扭转公式计算的切应力,分别按照式(3.8)和式(3.9)计算上屈服强度 $\tau_{eH}$ 和下屈服强度 $\tau_{eL}$。

$$\tau_{eH}=\frac{T_{eH}}{W} \tag{3.8}$$

式中　$W$ ——抗扭截面系数,$W=\dfrac{\pi d^3}{16}$(实心圆轴);

$\tau_{eL}$ ——下屈服强度(扭转),以屈服阶段的最小扭矩。

按弹性扭转式(3.9)计算切应力。

$$\tau_{eL} = \frac{T_{eL}}{W} \tag{3.9}$$

一般将下屈服强度 $\tau_{eL}$ 作为金属材料的屈服强度。

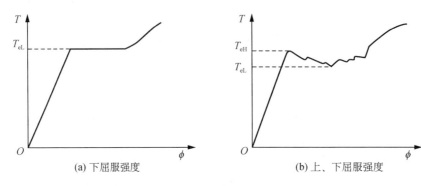

图 3.17　不同类型曲线的上、下屈服强度

### 2. 抗扭强度 $\tau_m$

抗扭强度 $\tau_m$ 是试样扭断前承受的最大扭矩,按弹性扭转公式计算的切应力如图 3.18 所示。

$$\tau_m = \frac{T_m}{W} \tag{3.10}$$

### 3. 真实抗扭强度 $\tau_{tm}$

真实抗扭强度 $\tau_{tm}$ 是试样扭断前承受的最大扭矩,按纳达依公式计算切应力。

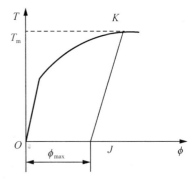

图 3.18　抗扭强度

不同阶段的扭矩如图 3.19(a)所示。如上所述,名义扭转应力如 $\tau_{eL}$ 和 $\tau_m$ 等,按弹性扭转公式计算,它假设试件横截面上的切应力为线性分布,外表面最大,形心为零,这个假设在线弹性阶段是对的,如图 3.19(b)所示;当超过此阶段,处于塑性扭转时,塑性变形向中心区扩展,此时截面应力分布不再呈线性,如图 3.19(c)、(d)、(e)所示。如果仍用线弹性扭转理论计算扭转应力,严格地讲是不合理的,所以,有时要计算真实扭转应力。

实际测定 $\tau_{tm}$ 时,可采用图解法(图 3.20)。自动记录系统记录了某材料的 $T$-$\phi$ 曲线,在断裂点 $K$ 处作该点曲线的切线,并交扭矩 $T$ 轴于 $T_B$,取 $K$ 点扭矩 $T_K$ 和 $T_B$,$\theta = \frac{\phi}{l}$ 为相对扭转角,由式(3.11)计算 $\tau_{tm}$。

$$\tau_{tm} = \frac{1}{4W}\left[3T_K + \theta_K\left(\frac{dT}{d\theta}\right)_K\right] = \frac{1}{4W}(4T_K - T_B) \tag{3.11}$$

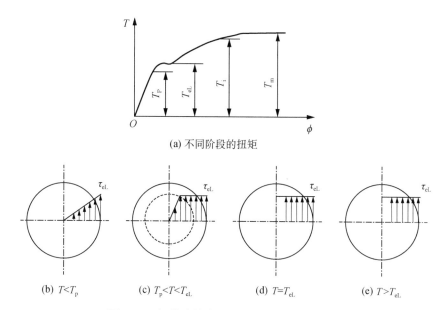

(a) 不同阶段的扭矩

(b) $T<T_p$　　(c) $T_p<T<T_{eL}$　　(d) $T=T_{eL}$　　(e) $T>T_{eL}$

**图 3.19　扭转试件在不同扭矩下截面应力分布**

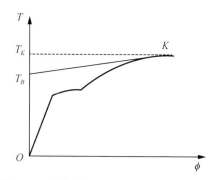

**图 3.20　真实剪切强度极限 $\tau_{tm}$ 图解法测定**

一般情况下,低碳钢断裂点 $K$ 处曲线为水平线,$T_B \approx T_K = T_b$,由式(3.11)可推得 $\tau_{tm} = \dfrac{3}{4} \times \dfrac{T_m}{W}$。实际上,从图 3.19(e)横截面的切应力分布图上看,整个截面上各点的应力近似相同,在断裂点为 $\tau_{tm}$,用静力平衡关系同样可推出式(3.12)。

$$T_m = \int \tau_{tm} \rho \mathrm{d}A = \tau_{tm} \int \rho \mathrm{d}A = \frac{4}{3} \tau_{tm} W \tag{3.12}$$

故有

$$\tau_{tm} = \frac{3}{4} \times \frac{T_m}{W} \tag{3.13}$$

低碳钢的屈服阶段,也有类似情况。真实剪切屈服极限为

$$\tau_{eL} = \frac{3}{4} \times \frac{T_{eL}}{W} \tag{3.14}$$

对于铸铁等脆性材料,试样受扭直至破坏,其 $T$-$\phi$ 关系并非直线,但可近似地看作直线,因此,抗扭强度 $\tau_m$ 仍用式(3.10)计算。

**4. 剪切模量 $G$ 的测定**

剪切弹性模量 $G$(切变模量 $G$)是剪应力(切应力)与剪应变(切应变)成线性比例关系范围内的切应力与切应变之比。

$$G = \frac{\tau}{\gamma} \tag{3.15}$$

可以采用图解法测定剪切模量 $G$,具体步骤如下:

(1)用自动记录方法记录扭矩—扭角($T$-$\phi$)曲线。

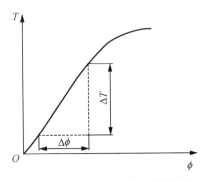

(2)在所记录曲线的弹性直线段上,读取扭矩增量($\Delta T$)和相应的扭角增量($\Delta \phi$),如图 3.21 所示。

(3)按式(3.16)计算剪切模量。

$$G = \frac{\Delta T L_e}{\Delta \phi I_p} \tag{3.16}$$

图 3.21 图解法测剪切弹性模量

式中    $G$——剪切模量($\text{N/mm}^2$);

$\Delta T$——扭矩增量($\text{N} \cdot \text{mm}$);

$L_e$——扭转计标距(mm);

$\Delta \phi$——扭角增量(°);

$I_p$——极惯性矩($\text{mm}^4$),对于圆柱形试样和管形试样按式(3.17)计算:

$$I_p = \frac{\pi d^4}{32} \tag{3.17}$$

式中,$d$ 为圆柱形试样平行长度部分的外直径(mm)。

### 3.3.5　实验方法与步骤

(1)打开扭转试验机电源开关,打开电脑,双击桌面联机图标,启动实验程序。

(2)安装试样,将试样塞入左右夹具,夹入长度为夹持段的全长,然后用扳手扳紧试样。保证夹具的三个面都能与试样的夹持段相接触,用粉笔在试样表面画纵向线,以便观察扭转变形。注意:在扳紧和放松试样时请注意安全。

(3)在试验机下拉菜单点击联机按钮,在参数设置下拉菜单输入低碳钢或者铸铁实验参数,在试样参数菜单中输入低碳钢或者铸铁试样尺寸等信息,输完后按保存并退出。

(4)试样安装好后,各参数清零,点击"开始试验"按钮开始实验。在实验过程中,如果要改变实验速度,可以通过屏幕上的调速按钮改变实验速度。需要注意低碳钢超过强化阶段后速度可以调至 $360°/\text{min}$,但铸铁属于脆性材料,最大速度要小于 $50°/\text{min}$。

(5)试样断裂后,按"结束试验"按钮结束实验,并打印实验结果。

### 3.3.6　注意事项

（1）试样安装后扳手不要留在旋转夹具上，以防机器损坏。

（2）在夹紧和放松试样时不要用力过猛，以防手碰伤。

（3）铸铁扭转时的加载速度一定不要超过 $50°/\mathrm{min}$。

### 3.3.7　实验分析与讨论

（1）扭转试件各点受力和变形不均匀，为什么可由它验证剪应力与剪应变的线性关系？

（2）由复合材料制成的圆截面试件，受扭转时试件将如何破坏？

（3）比较低碳钢扭转和拉伸的实验，二者试件材料破坏过程有何差异？一根悬挂矩形梁受纯扭转荷载作用，如何测试最大的剪应力？

## 3.4　材料的冲击实验

由于结构的需要，在机械工程中有许多构件往往存在各种形式的缺口，如油孔、键槽、螺纹和截面尺寸突变等。这些有缺口的构件，虽然都是由在静载荷下表现出一定塑性的材料制成的，但当它们受到冲击载荷作用时，就会呈现脆性断裂倾向。这是因为塑性变形需要一定的时间，加载速度过快使塑性变形不能充分进行，在宏观上表现为屈服强度与静载荷时相比有较大提高，但塑性却明显下降，材料会产生明显的脆化倾向；另外，缺口还会引起应力集中，在缺口根部附近呈三向拉伸应力状态，材料亦会呈现脆性断裂倾向。

在设计有缺口和承受冲击载荷的构件时，为防止脆性断裂并保证零件安全可靠，应该考虑材料抵抗冲击载荷的能力。由于冲击载荷作用从开始到结束的时间很短，测量载荷的变化和构件的变形有时很困难。然而，构件承受冲击载荷作用导致被破坏所消耗的能量有时却比较容易测量。因此，可通过测定此能量然后除以面积，以衡量材料抵抗冲击载荷的能力，这个指标通常称为冲击韧度，可以通过冲击实验来测定。

测定冲击韧度的实验方法有多种。常用简支梁式的冲击弯曲实验，称为"夏比冲击实验"，实验时试样处于三点弯曲受力状态。虽然实验中测定的吸收能量不能作为表征构件实际抵抗冲击能力的韧性判据，但因为其试样加工简便、实验时间短、实验数据对材料组织结构和冶金缺陷等敏感而成为评价金属材料冲击韧性应用最广泛的一种力学性能实验方法。由于冲击实验受到多种内在和外界因素的影响，要想正确反映材料的冲击特性，必须使冲击实验方法和设备标准化、规范化。本实验依据国家标准《金属材料　夏比摆锤冲击试验方法》(GB/T 229—2020)测定金属材料的冲击韧度。

### 3.4.1　实验目的

测定低碳钢和铸铁两种材料的冲击韧度，观察破坏断口情况，并进行比较。

**图 3.22　QJBCS-300J 数显摆锤冲击试验机**

### 3.4.2　实验设备

（1）冲击试验机（图 3.22）；

（2）游标卡尺。

图 3.22 所示为 QJBCS-300J 数显摆锤冲击试验机，冲击能量有 150 J 和 300 J 两种。该试验机采用操作面板直接进行取摆、摩擦制动、冲击和放摆等操作，具有结构简单、操作方便等特点。

该试验机为数显半自动控制试验机，使用时按下电源按钮，按动"取摆"按钮，挂摆机构下降勾住摆锤扬起，至一定的角度为止。依次按"退销""冲击"按钮，挂摆机构与摆锤脱离，摆锤就落摆冲击，试样被冲断后，自动摩擦制动，摆锤即被夹紧而不能摆动。从刻度盘上可直接读出试样所吸收的能量，而后按"放摆"按钮，保险销自动退销，当摆锤转至接近垂直位置时便自动停摆。一般摆锤刀刃半径有 2 mm 和 8 mm 两种。执行以上"取摆""冲击"动作。

### 3.4.3　实验原理

#### 1. 试样规格尺寸

如果冲击试样的类型和尺寸不同，则得出的实验结果不能直接比较和换算。试样采用国际上通用的形状和尺寸，标准试样尺寸为 10 mm×10 mm×55 mm，常用缺口有 U 型和 V 型。其中，U 型缺口深度为 2 mm 或者 5 mm，底部曲率半径为 1 mm；V 型缺口试样应有 45°夹角，深度为 2 mm，底部曲率半径为 0.25 mm。U 型缺口与 V 型缺口试样的形状和尺寸分别如图 3.23、图 3.24 所示。

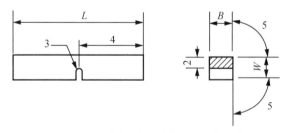

**图 3.23　夏比摆锤冲击试样：U 型缺口试样**

注：符号和数字尺寸见表 3.1。

试样坯的切取应按相关产品标准或国家标准《钢及钢产品　力学性能试验取样位置及试样制备》（GB/T 2975—2008）的规定执行。试样制备过程应使由于过热或冷加工硬化而改变材料的冲击性能的影响减至最小。试样尺寸及偏差应符合国家标准《金属材料　夏比摆锤冲击试验方法》（GB/T 229—2020）的规定，缺口底部应光滑且无与缺口轴线平行的明显划痕。

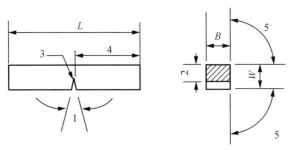

**图 3. 24　夏比摆锤冲击试样:V 型缺口试样**

注:符号和数字尺寸见表3.1。

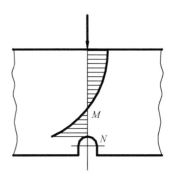

试样在缺口根部发生应力集中,图 3.25 为弯曲时缺口截面上的应力分布。图中缺口根部的 $N$ 点拉应力很大,在缺口根部附近的 $M$ 点材料处于三向拉应力状态。某些金属在静力拉伸下表现出良好的塑性,但处于三向拉应力作用下却有增加其脆性的倾向。因此,塑性材料的缺口试样在冲击作用下,一般都呈现出脆性破坏方式(断裂)。

本次实验采用如图 3.23 所示的 U 型缺口试样,试样的尺寸与偏差见表 3.1,试样的符号、名称及单位见表 3.2。

**图 3. 25　缺口处应力集中现象**

**表 3.1　试样的尺寸与偏差**

| 名称 | 符号及序号 | V 型缺口试样[a] | | U 型缺口试样 | |
|---|---|---|---|---|---|
| | | 名义尺寸 | 机加工偏差 | 名义尺寸 | 机加工偏差 |
| 试样长度 | $L$ | 55 mm | ±0.60 mm | 55 mm | ±0.60 mm |
| 试样宽度 | $W$ | 10 mm | ±0.075 mm | 10 mm | ±0.11 mm |
| 试样厚度-标准尺寸试样 | | 10 mm | ±0.11 mm | 10 mm | ±0.11 mm |
| 试样厚度-小尺寸试样[b] | $B$ | 7.5 mm | ±0.11 mm | 7.5 mm | ±0.11 mm |
| | | 5 mm | ±0.06 mm | 5 mm | ±0.06 mm |
| | | 2.5 mm | ±0.05 mm | — | — |
| 缺口角度 | 1 | 45° | ±2° | — | — |
| 韧带宽度 | 2 | 8 mm | ±0.075 mm | 8 mm | ±0.09 mm |
| | | — | | 5 mm | ±0.09 mm |
| 缺口根部半径 | 3 | 0.25 mm | ±0.025 mm | 1 mm | ±0.07 mm |
| 缺口对称面-端部距离 | 4 | 27.5 mm | ±0.42 mm[c] | 27.5 mm | ±0.42 mm[c] |
| 缺口对称面-试样纵轴角度 | — | 90° | ±2° | 90° | ±2° |

（续表）

| 名称 | 符号及序号 | V 型缺口试样[a] | | U 型缺口试样 | |
|---|---|---|---|---|---|
| | | 名义尺寸 | 机加工偏差 | 名义尺寸 | 机加工偏差 |
| 试样纵向面间夹角 | 5 | 90° | ±2° | 90° | ±2° |
| 表面粗糙度[d] | $Ra$ | <5 μm | — | <5 μm | — |

注：a. 对于无缺口试样，要求与 V 型缺口试样相同（缺口要求除外）。

    b. 如果规定其他厚度（如 2 mm 或 3 mm），应规定相应的公差。

    c. 对端部对中自动定位试样的试验机，建议偏差用±0.065 mm 代替±0.42 mm。

    d. 试样的表面粗糙度 $Ra$ 应优于 5 μm，端部除外。

表 3.2　符号、名称及单位

| 符号 | 单位 | 名　称 |
|---|---|---|
| $K_p$ | J | 实际初始势能（势能） |
| $SFA$ | ％ | 剪切断面率 |
| $B$ | mm | 试样厚度 |
| $KU_2$ | J | U 型缺口试样使用 2 mm 摆锤锤刃测得的冲击吸收能量 |
| $KU_8$ | J | U 型缺口试样使用 8 mm 摆锤锤刃测得的冲击吸收能量 |
| $KV_2$ | J | V 型缺口试样使用 2 mm 摆锤锤刃测得的冲击吸收能量 |
| $KV_8$ | J | V 型缺口试样使用 8 mm 摆锤锤刃测得的冲击吸收能量 |
| $LE$ | mm | 测膨胀值 |
| $L$ | mm | 试样长度 |
| $T_t$ | ℃ | 转变温度 |
| $W$ | mm | 试样宽度 |

## 2. 实验原理

图 3.26 所示为冲击试验机原理图，钢制的摆锤悬挂在轴 $O$ 上（如图所示的 $\alpha$ 角），于是摆锤具有一定的位能。实验时，令摆锤下落，冲断试样。试样折断所消耗的能量等于摆锤原来的位能（$\alpha$ 角处）与其冲断试样后在扬起位置（$\beta$ 角处）时的位能之差。如不计摩擦损失及空气阻力等因素，摆锤对试样所做的功可按式（3.18）和式（3.19）来计算：

$$K = GH_1 - GH_2 \tag{3.18}$$

$$H_1 = L(1 - \cos\alpha), \ H_2 = L(1 - \cos\beta) \tag{3.19}$$

式中　$G$ ——摆锤的重力（N）；

    $L$ ——摆长（摆轴至锤重心之间的距离）（m）；

    $\alpha$ ——冲击前摆锤扬起的最大角度（弧度）；

    $\beta$ ——冲击后摆锤扬起的最大角度（弧度）；

    $K$ ——试样冲断时所吸收的能量，由指针或其他指示装置显示出的能量值，用字

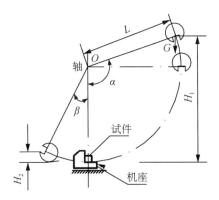

**图 3.26 冲击试验机原理图**

母 U 和 V 表示缺口几何形状,用下标数字 2 或 8 表示摆锤锤刃半径,如 $KU_2$ 表示 U 型缺口试样在 2 mm 摆锤锤刃下的冲击吸收能量。

将式(3.19)代入式(3.18),得

$$K = GH_1 - GH_2 = G[L(1 - \cos\alpha) - L(1 - \cos\beta)] = GL(\cos\beta - \cos\alpha)$$

$$(3.20)$$

由于摆锤重量、摆杆长度和冲击前摆锤扬角 $\alpha$ 均为常数,因此只要知道冲断试样后摆锤升起角 $\beta$,即可根据式(3.20)算出消耗于冲断试样功的数值。本试验机已经预先根据上述公式将各升起角 $\beta$ 的功的数值算出,并直接刻在读数盘上,冲击后可以直接读出试样所吸收的功。

由于一般试样上都有缺口,冲击后读数盘上显示的数值除以试样缺口处的横截面积即为材料的冲击韧度 $\alpha_k$,可由式(3.21)计算。

$$\alpha_k = \frac{K}{S_0}$$

$$(3.21)$$

式中 $K$ ——试样冲断时所吸收的功;

$\quad\quad S_0$ ——试样缺口处的横截面积;

$\quad\quad \alpha_k$ ——材料的冲击韧度(J/mm$^2$)。

在相同的条件下,材料的 $\alpha_k$ 值越大,表示材料抗冲击能力越好。当试样的几何形状、尺寸、受力方式和实验温度不同时,所得结果各不相同。因此,冲击实验是在规定标准条件下进行的一种比较性实验。

### 3.4.4 实验方法与步骤

(1)测量试件缺口处尺寸,测三次并取平均值,计算横截面积。

(2)检查回零误差和能量损失:实验正式开始前在支座上不放试件的情况下"空打"一次。

① 取摆:按"取摆"按钮,摆锤逆时针转动;

② 退销:按"退销"按钮,保险销退销;

③ 冲击:按"冲击"按钮,挂/脱摆机构动作,摆锤靠自重绕轴开始进行冲击;

④ 放摆:依次按"退销""放摆"按钮,保险销自动退销,当摆锤转至接近垂直位置时便自动停摆;

⑤ 清零:按"清零"按钮,使摆锤角度值复位为零。注意,必须在摆锤处于垂直静止状态时方可执行此操作。

第一次"空打"后显示屏上显示的空打冲击吸收功即回零误差。"空打"后,检查指针是否回到零位,否则应进行调整。

(3) 安装试样。试样应紧贴试验机砧座,锤刃沿缺口对称面打击试样缺口的背面,试样缺口对称面偏离两砧座间的中点应不大于 0.5 mm,如图 3.27 所示,并用对中样板对中。

(4) 正式实验。按"取摆"按钮,摆锤逆时针转动上扬,触动限位开关后由挂摆机构挂住,保险销弹出,此时可在支座上放置试件(注意试件缺口对中并位于受拉边)。然后按顺序执行以上"取摆""退销""冲击""放摆"动作。显示屏上将显示该试件的冲击吸收功和相应的冲击韧度。

(5) 记录每个试样的冲击吸收能量 $K$ 值,应至少估读到 0.5J 或 0.5 个标准单位,实验结果至少保留 2 位有效数字,修约方法按现行国家标准《数值修约规则与极限数值的表示和判定》(GB/T 8170—2008)执行。取下试样,切断电源,观察断口形貌。

扫码观看:
低碳钢铸铁
冲击实验操
作指导视频

扫码观看:
冲击实验视频

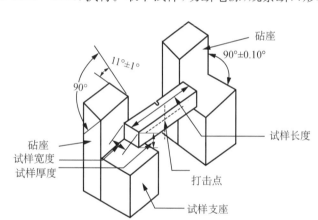

图 3.27　试样与摆锤冲击试验机支座及砧座相对位置示意图

### 3.4.5　注意事项

(1) 安装试样时,严禁抬高摆锤。

(2) 当摆锤抬起后,严禁在摆锤摆动范围内站立、行走和放置障碍物。

### 3.4.6　实验分析与讨论

(1) 冲击韧度在工程实际中有哪些实用价值?

(2) 冲击试样上为什么要制造缺口,V 型与 U 型缺口试样冲击韧性的差别是什么?

（3）冲击韧度是相对指标还是绝对指标？

## 3.5　材料的疲劳实验

在机械工程中，大多数机械零部件都在循环载荷下工作，其工作应力往往低于材料的屈服强度。材料在承受随时间呈周期性变化的交变载荷作用下，经一定次数的循环后，在其内部最大应力远小于极限强度的情况下会发生突然破坏，这种现象称为"疲劳"。它往往没有明显预兆，突然发生，因此危害性特别大。疲劳破坏是机械零部件失效的主要形式，统计数据表明，在各种机械零件的失效中约有 70% 是由疲劳引起的，而且造成的事故大多数是灾难性的。因此，研究机械零部件的疲劳强度和推广疲劳设计，对提高机械产品的使用可靠性和使用寿命有着十分重要的意义。所谓疲劳极限是材料经无限次应力循环而不发生疲劳破坏的最大应力，它是材料疲劳性能的重要指标，是疲劳实验的主要内容。此外，疲劳实验还测定疲劳寿命、$S$-$N$ 曲线、应力集中和尺寸效应对疲劳的敏感度等。

### 3.5.1　实验目的

（1）了解测定疲劳极限的方法，学会绘制 $S$-$N$ 曲线；
（2）通过观察疲劳失效现象和断口特征，分析疲劳的原因。

### 3.5.2　实验设备

（1）旋转弯曲疲劳试验机；
（2）游标卡尺。

### 3.5.3　实验试样

试样的几何形状不同，疲劳实验结果也不同。疲劳试验的试样外形有圆柱形、圆锥形、漏斗形，其形状和尺寸按照现行国家标准《金属材料　疲劳试验　旋转弯曲方法》（GB/T 4337—2015）的要求制备。

取样部位、取样方向和试样类型应按有关产品标准或双方协议制备。从半成品或零件上取样对实验结果会有影响，因此需要在完全了解产品标准的情况下取样，取样图应附加到实验报告并清晰地表明。试样的热处理不应该改变材料的显微结构特征，建议热处理后进行抛光。建议采用磨削加工工艺进行抛光，以减少机械加工时在试样表面引起残余应力，最终的抛光方向应沿着试样轴线。在各种实验条件下试样的平均表面粗糙度 $Ra$ 应小于 $0.2\ \mu m$，过渡部位应该有足够的过渡圆角半径。

本实验采用的圆柱形试样如图 3.28 所示，推荐直径 $d$ 为 6 mm、7.5 mm 和 9.5 mm。直径 $d$ 的偏差应不大于 $0.005d$，试样夹持部分与实验部分过渡圆弧半径大于 $3d$，粗糙度 $Ra$ 为 $0.32\sim0.8$。

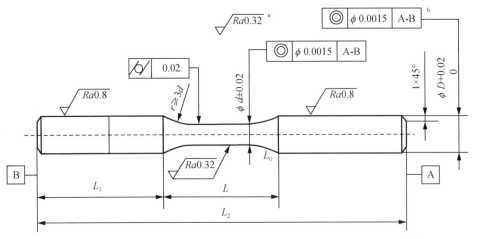

$L$ —力臂长度(mm); $D$ —试样夹持部分或试样加载端部直径(mm); $d$ —应力最大处试样直径(mm);
$r$ —试样夹持部分与试验部分之间过渡弧半径(mm); $Ra$ —粗糙度

**图 3.28 圆柱形光滑试样**

注:a. 其他。
b. 两端。

### 3.5.4 实验原理

**1. 疲劳极限**

在交变应力的应力循环中,最小应力和最大应力的比值称为循环特征或应力比。

$$r = \frac{\sigma_{min}}{\sigma_{max}} \tag{3.22}$$

在既定的 $r$ 下,若试样的最大应力为 $\sigma_{max}^1$ ,经历 $N_1$ 次循环后,发生疲劳失效,则 $N_1$ 称为最大应力为 $\sigma_{max}^1$ 时的疲劳寿命。实验表明,在同一循环特征下,最大应力越大,则寿命越短;随着最大应力的减小,寿命迅速增加。表示最大应力与寿命的关系曲线称为应力—寿命曲线或 $S$-$N$ 曲线。

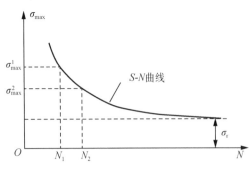

**图 3.29 疲劳试验 $S$-$N$ 曲线**

低碳钢的 $S$-$N$ 曲线如图 3.29 所示。从图 3.29 中曲线可以看出,当应力降到某一极限值 $\sigma_r$ 时, $S$-$N$ 曲线趋近于水平线,即应力不超过 $\sigma_r$ 时,寿命 $N$ 可无限增大。 $\sigma_r$ 称为疲劳极限或持久极限,下标 r 表示循环特征。

对于钢材,经历 $10^7$ 次循环荷载仍未失效,再增加循环次数一般也不会发生疲劳破坏,可把 $10^7$ 次循环下仍未失效的最大应力作为疲劳极限 $\sigma_r$ ,把 $N_0 = 10^7$ 称为循环基数或耐久寿命。其他钢和非铁合金的耐久寿命是 $10^8$ 次。对应循环基数的最大应力为条件疲劳极限,又因为实验的数据是离散的,于是疲劳极限的实验定义为指定循环基数下的中值疲劳强度,中值的意义是指存活率为 $50\%$。

本实验适用于金属材料构件在室温、高温或腐蚀空气中旋转弯曲载荷条件下服役的情况。该种方法在试样数量受限制的情况下,可近似测定疲劳曲线并粗略估计疲劳极限。实验所需的疲劳试验机一般为弯曲疲劳试验机或拉压试验机。

本实验采用单点实验法测量金属材料的疲劳极限。这里介绍的单点实验法的依据是航空工业标准《金属室温旋转弯曲疲劳试验方法》(HB 5152—1996)。这种方法在试样数量受限的情况下,可以近似地测定 $S$-$N$ 曲线和粗略地估计疲劳极限。如需更精确地确定材料抗疲劳性能应采用升降法(详见本书 3.5.7 节)。

单点实验法至少需要 8~10 根试样,第一根试样的最大应力约为 $\sigma_1 = (0.6 \sim 0.7)\sigma_b$,经过 $N_1$ 次循环后失效;继续取另一试样使其最大应力 $\sigma_2 = (0.40 \sim 0.45)\sigma_b$,若其疲劳寿命 $N < 10^7$,则应降低应力再做,直至在 $\sigma_2$ 作用下,$N_2 > 10^7$。 这样,材料的持久极限 $\sigma_{-1}$ 在 $\sigma_1$ 和 $\sigma_2$ 之间。在 $\sigma_1$ 与 $\sigma_2$ 之间插入 4~5 个等差应力,它们分别为 $\sigma_3$,$\sigma_4$,$\sigma_5$,$\sigma_6$,$\sigma_7$,逐级递减进行实验,相应的寿命分别为 $N_3$,$N_4$,$N_5$,$N_6$,$N_7$。 可能会出现下列两种情况:

(1) 与 $\sigma_6$ 相应的 $N_6 < 10^7$,持久极限在 $\sigma_2$ 和 $\sigma_6$ 之间。这时取 $\sigma_7 = \frac{1}{2}(\sigma_2 + \sigma_6)$ 再试,若 $N_7 < 10^7$,且 $\sigma_7 - \sigma_2$ 小于控制精度 $\Delta\sigma'$,即 $\sigma_7 - \sigma_2 < \Delta\sigma'$,则持久极限为 $\sigma_2$ 和 $\sigma_7$ 的平均值,即 $\sigma_{-1} = \frac{1}{2}(\sigma_2 + \sigma_7)$。 若 $N_7 > 10^7$,且 $\sigma_6 - \sigma_7 \leqslant \Delta\sigma'$,则持久极限为 $\sigma_6$ 和 $\sigma_7$ 的平均值,即

$$\sigma_{-1} = \frac{1}{2}(\sigma_6 + \sigma_7) \tag{3.23}$$

(2) 与 $\sigma_6$ 相应的 $N_6 > 10^7$,这时以 $\sigma_6$ 和 $\sigma_5$ 取代上述情况的 $\sigma_2$ 和 $\sigma_6$,用相同的方法确定持久极限。

### 2. 旋转弯曲疲劳试验机工作原理

这种试验机只能做对称循环应力,即 $r = -1$ 的疲劳实验。它是疲劳实验中最基本的实验,优点是实验成本低、简便。本实验主要用旋转弯曲疲劳试验机来测定金属材料的疲劳极限。

各类旋转弯曲疲劳试验机大同小异,图 3.30 所示为一种纯弯曲的旋转弯曲疲劳试验机结构图。将圆柱试样 1 的两端装入左右两个心轴 2 后,旋紧左右两根螺杆 3,使试样与两个心轴组成一个承受弯曲的"整体梁",它支撑于两端的滚珠轴承 4 上。

载荷 $P$ 通过加力架作用于"梁"上,其受力简图及弯矩图如图 3.31 所示,梁的中段为纯弯曲,且弯矩为 $M = \frac{1}{2}Pa$。"梁"由高速电机 6 带动,在套筒 7 中高速旋转,于是试样横截面上任一点的弯曲正应力,皆为对称循环交变应力,如果试样的最小直径为 $d_{min}$,最小截面边缘上一点的最大和最小应力为

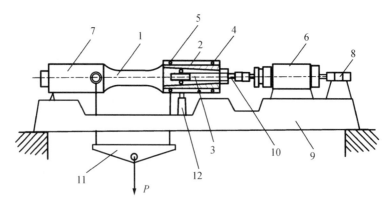

1—试样;2—心轴;3—螺杆;4—滚动轴承;5—滚动轴承;6—高速电机;7—套筒;8—计数器;
9—机架;10—挠性连轴节;11—加力架;12—停止开关

**图 3.30 旋转弯曲疲劳试验机结构图**

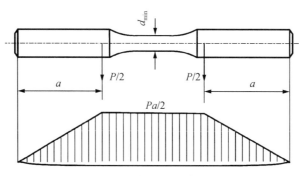

**图 3.31 试样受力、弯矩图**

$$\sigma_{\max} = \frac{M}{W} \quad W = \frac{\pi d_{\min}^3}{32}$$

$$\sigma_{\min} = -\frac{M}{W}$$

$$(3.24)$$

试样每旋转一周,应力就完成一次循环。试样断裂后,套筒压迫停止开关,试验机自动停止。循环次数可由计数器 8 读出。

将弯矩为 $M = \frac{1}{2}Pa$ 和 $W = \frac{\pi d_{\min}^3}{32}$ 代入式(3.24),可求得最小直径截面上的最大弯曲

正应力为
$$\sigma = \frac{M}{W} = \frac{\dfrac{1}{2}Pa}{\dfrac{\pi d_{\min}^3}{32}} = \frac{P}{\dfrac{\pi d_{\min}^3}{16a}}$$

$$(3.25)$$

令 $K = \dfrac{\pi d_{\min}^3}{16a}$,则式(3.25)可改为

$$P = K\sigma$$

$$(3.26)$$

式中,$K$ 为加载系数,可根据试验机的尺寸 $a$ 和试样的直径 $d_{\min}$ 事先算出,并制成表格。

在试样的应力 $\sigma$ 确定后，便可计算出应施加的荷载 $P$。荷载中包括套筒、砝码盘和加载力架的重量 $G$，所以，应施加砝码的重量实际为

$$P' = P - G = K\sigma - G \tag{3.27}$$

### 3.5.5　实验方法与步骤(单点法)

扫码观看：
疲劳试验演示 Dynamic Fatigue Testing Machines

取 8～10 根光滑圆柱形试样，测量试样直径，以计算横截面面积。选取其中任何一个试样做静力拉伸实验，测量材料的强度极限 $\sigma_b$。

(1) 测量最小直径 $d_{min}$。

(2) 计算或查出 $K$ 值，根据确定的应力水平 $\sigma$，由式(3.27)计算应加砝码的重量 $P'$。

(3) 安装试样，拧紧两根连接的螺杆，使其与试样成为一个整体。

(4) 连接挠性连轴节，开机后达到规定速度，第 1 根试样的交变应力的最大值 $\sigma_{max}$ 大约取 $0.6\sigma_b$。加载时要平稳、无冲击地加砝码到需要值，并将计数器复零。

(5) 试样经历一定次数循环后破坏，试验机自动停止，记录循环次数。

(6) 对第 2 根试样进行实验，使其最大应力略低于第 1 根试样的最大应力值。同样地，破坏后记录循环次数。这样，依次降低各个试样的最大应力，测出相应试样的疲劳寿命，自第 6 根试样起开始测定疲劳极限。

(7) 观察断口形貌，分析疲劳破坏特征。实验结束后关闭试验机，清理实验现场。

### 3.5.6　实验分析与讨论

(1) 疲劳实验破坏断口如何？简述其破坏机理。

(2) 如何确定第 1 根试样的交变应力最大值。

(3) 简述静力强度与疲劳强度有何不同。

### 3.5.7　升降法测试疲劳极限

测定条件疲劳极限 $\sigma_{R(N)}$ 采用升降法。试样的数量通常取 13 根以上。应力增量 $\Delta\sigma$ 一般在预计疲劳极限的 5% 以内。第 1 根试样的实验应力水平，略高于预计疲劳极限。根据上一根试样的实验结果(失效或通过)决定下一根试样应力增量是减还是增，失效则减，通过则增，直到全部试样做完。第一次出现相反结果(失效和通过，或通过和失效)以前的实验数据，如在以后实验数据波动范围之外，则予以舍弃；反之则作为有效数据，连同其他数据加以利用，按式(3.28)计算疲劳极限：

$$\sigma_{R(N)} = \frac{1}{m}\sum_{i=1}^{n} v_i \sigma_i \tag{3.28}$$

式中　$m$——有效实验总次数；

　　　$n$——应力水平级数；

　　　$\sigma_i$——第 $i$ 级应力水平；

　　　$v_i$——第 $i$ 级应力水平下的实验次数。

例如,某实验过程如图 3.32 所示。共 14 根试样,预计疲劳极限为 390 MPa,取其 2.5% 约 10 MPa 为应力增量 $\Delta\sigma$,第 1 根试样的应力水平 402 MPa。全部实验数据见图 3.32,第 4 根试样为第一次出现相反结果,在其之前,只有第 1 根在以后实验波动范围之外,视为无效,则按式(3.28)求得条件疲劳极限如下为

$$\sigma_{R(N)} = \frac{1}{13} \times (3 \times 392 + 5 \times 382 + 4 \times 372 + 1 \times 362) = 380 \text{ MPa}$$

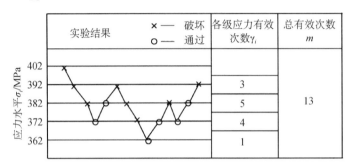

图 3.32　增减法测定疲劳极限试验过程

这样求得的 $\sigma_{R(N)}$,存活率为 50%,欲要求其他存活率的 $\sigma_{R(N)}$,可用数理统计方法进行处理。

测定 $S\text{-}N$ 曲线时,通常至少取 4～5 级应力水平。用升降法测得的条件疲劳极限作为 $S\text{-}N$ 曲线的低应力水平点。其他 3～4 级较高应力水平下的实验,则用成组法。因数据离散随应力水平降低而增大,故每组试样数量的分配要随应力水平降低而增多,通常每组 5 根。然后,以 $\sigma_a$ 为纵坐标,以循环数 $N$ 或 $N$ 的对数为横坐标,用最佳拟合法绘制成 $S\text{-}N$ 曲线,如图 3.33 所示。

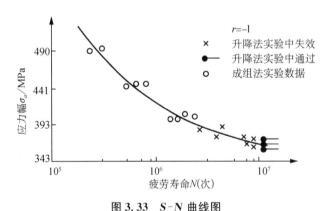

图 3.33　$S\text{-}N$ 曲线图

# 3.6　相关实验设备介绍

## 3.6.1　液压万能试验机简介

万能材料试验机可以做拉伸、压缩、剪切及弯曲等实验,习惯上称为万能材料试验机。

主要有液压式、机械摆锤式、微机控制式及电液伺服式等。其中,后两类试验机是在前两类的基础上发展而来的。

以国产 WE 系列为例介绍液压式万能试验机。这一系列试验机最大试验力分类有100 kN,300 kN,600 kN,1000 kN 和 2000 kN 等多种。尽管型号各异,但基本原理一样。其构造如图 3.34 所示,下面介绍试验机的加载部分和测力部分。

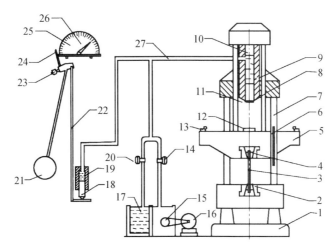

1—底座;2—下夹头;3—试件;4—上夹头;5—工作台;6—标尺;7—固定立柱;
8—活动立柱;9—工作油缸;10—工作活塞;11—上承压座;12—下承压座;
13—弯曲支座;14—进油阀;15—高压油泵;16—电动机;17—油箱;
18—测力活塞;19—测力油缸;20—回油阀;21—摆锤;22—测力拉杆;
23—平衡铊;24—推杆;25—测力度盘;26—测力指针;27—油管

**图 3.34　液压式万能试验机机械原理图**

**1. 加载部分**

在机器底座上,装有两个固定立柱,它支撑着固定横梁和工作油缸。开动油泵电机后,带动油泵将油液从油箱经油管送入工作油缸,从而推动工作活塞、上横梁、活动立柱和活动平台上升。若将试样两端装在上下夹头之间,因下夹头固定不动,当活动平台上升时,试样发生拉伸变形,承受拉力;若将试样放在活动平台上,当活动平台上升时,就使试样与上垫板接触而被压缩,承受压力;若将试样水平放置于活动平台两端的支座上,可以做弯曲实验;若将剪切附件及试样安装在试验机上,则可以做剪切实验。试验机在输油管路中都装有进油阀和回油阀。进油阀门用来控制进入工作油缸中的油量,从而改变对试样的加载速度。回油阀的作用是使试样卸载(加载时,回油阀关闭),当打开它时,工作油缸中的油液经油管卸回油缸,活动平台由于自重而下降,回到原始位置。

为了适应不同长度的拉伸试样,可开动控制下夹头升降的电动机转动底座中的涡轮,使螺杆上下移动来调节拉伸空间。

**2. 测力部分**

加载时,油缸中油液推动工作活塞的力与试样所受的力随时处于平衡状态。在加载时,由于回油阀是关闭的,因此油管将连通工作油缸和测力油缸,油压推动测力活塞向下移动。通过拉杆使摆锤绕支点转动而抬起,同时摆锤上的推杆便推动水平齿杆,使齿轮和指针旋转。指针旋转的角度与油压与试样所受载荷成正比,因此在测力表盘上可读出试样所受力的大小。

试验机一般配有重量不同的摆锤,选择不同重量的摆锤,当指针旋转同一角度时,所需的油压也不同,即指针在同一位置所指示的载荷大小与摆锤重量有关。一般试验机的摆锤分为 A、B、C 三级,测力度盘上有三圈读数与之相对应。以 WE-300 试验机为例,摆锤 A 对应的测力范围为 0～60 kN;摆锤 A+B 对应的测力范围为 0～150 kN;摆锤 A+B+C 对应的测力范围为 0～300 kN。

在测力读数盘上有两根指针:主动指针和从动指针。主动指针反映载荷的大小,加载过程中,主动指针带动从动指针一起沿顺时针方向转动;卸载或试样断裂时主动指针立即返回零,而从动指针则留在最大载荷指示处,以便准确地读出最大载荷值。

试验机上一般有自动绘图装置。试验过程中,自动绘图器可以自动绘制出 $F\text{-}\Delta L$ 曲线,这只是一条定型曲线。

### 3. 操作步骤及注意事项

（1）检查机器,关闭进油阀与回油阀。根据试样的材料和尺寸,选择合适的夹头;估计最大载荷,选定相应的示力读盘和摆锤重量。如需要自动绘制,应在滚筒上装好纸和笔。

（2）开动油泵电机,检查机器运转是否正常。打开送油阀,缓慢进油;当活动平台上升少许后,便关紧油阀,调节指针指零。

（3）安装试样。做压缩实验时,必须保持试样中心受力;安装拉伸试样时,可开动下夹头升降电动机,调整下夹头位置,夹头应全部夹住试样头部。

（4）缓慢开启送油阀,注视测力度盘,给试件平稳加载。油门不能开得太大,以免试样突然受到过大的载荷,影响试验正常进行。实验过程中,不得触动摆杆和摆锤,操作机器必须有专人负责,如发现机器声音异常,立即停机。

（5）实验结束后,先关闭送油阀,取下试样。缓慢回油,将活动平台回到初始位置。非破坏性实验,应先开回油阀卸载,再取下试样。最后切断电源并清理实验仪器。

## 3.6.2 电子万能试验机简介

电子万能材料试验机是现代电气测量、控制技术与精密机械传动相结合的新型试验机。它能进行载荷、变形和位移的测量与控制,且有较高的精度和灵敏度。配备专用试验软件,操作简单有效。与计算机联机,还可以实现试验进程模式控制、检测和数据处理自动化;能实时动态显示试验力值、位移值、变形值、试验速度、试验时间和试验曲线;可以试验结果自动保存,试验结束后可重新调出试验曲线,通过试验曲线重现试验过程,或进行曲线比较、放大处理等功能。

不同厂家生产的电子万能试验机,其主机结构、信号转换元件配置、传动系统、检测控制原理基本相同，只是软件功能和操作系统有些差异。

**1. 长春试验机研究所 CSS-44000 型试验机**

1）构造原理

测定材料力学性能的主要设备是材料试验机。一般把可以做拉伸、压缩、剪切和弯曲等多种实验的试验机称为万能材料试验机。供静力实验用的万能材料试验机有液压式、机械式和电子机械式等类型。下面介绍的电子万能试验机为电子机械式试验机，它是电子技术与机械传动相结合的一种新型试验机。以长春试验机研究所 CSS-44000 型试验机为例，它由主机机架、控制器、放大器、移动横梁、计算机系统及附件所组成，如图 3.35 所示。

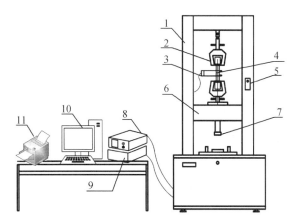

1—主机机架；2—夹头；3—引伸计；4—试件；5—操作盒；
6—移动横梁；7—压头；8—控制器；9—功率放大器；
10—计算机；11—打印机

**图 3.35　电子万能试验机布局图**

电子万能试验机主机由负荷机架、传动系统、夹持系统和位置保护装置四部分组成，各部件名称详见图 3.36。

（1）负荷机架。负荷机架由四立柱支承上横梁与工作台板构成门式框架，两丝杠穿过动横梁两端并安装在上横梁与工作台板之间。工作台板由两个支脚支承在底板上，且机械传动减速器也固定在工作台板上。工作时，伺服电机驱动机械传动减速器，进而带动丝杠转动，驱使动横梁上下移动。试验过程中，力在门式负荷框架内得到平衡。

（2）传动系统。传动系统由数字式脉宽调制直流伺服系统、减速装置和传动带轮等组成（图 3.36 中 5，12～13）。执行元件采用永磁直流伺服电机，其特点是响应快，而且该电机具有高转矩和良好的低速性能。由于电机同步的高性能光电编码器作为位置反馈元件，从而使动横梁获得准确而稳定的试验速度。

（3）夹持系统。对于 100 kN 和 200 kN 规格的电子万能试验机，在拉伸夹具的上夹头均安装有万向连轴节，它的作用是消除由上、下拉伸夹具轴度误差不同造成的影响，使试样在拉伸过程中只受到沿轴线方向的单向力，并使该力准确地传递给负荷传感器。但是 500 kN 规格的电子万能试验机的夹具不用万向联轴节,而是通过连杆直接与夹具刚性连接。对于双空间结构的电子万能试验机(如 100 kN 和 200 kN 规格的试验机),下夹头安装在动横梁上,对于单空间结构的电子万能试验机(如 500 kN 的试验机),下夹头直接安装在工作台板上。夹具安装示意如图 3.37 所示。

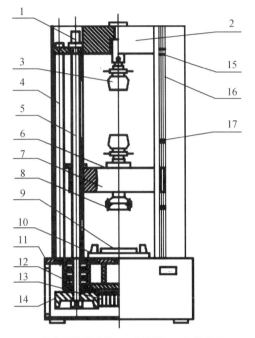

1—位移编码传感器;2—上横梁;3—拉伸夹具;
4—立柱;5—滚珠丝杆副;6—负荷传感器;
7—活动横梁;8—上压头;9—下压板;
10—弯曲试验台;11—工作台;12—轴承组;
13—圆弧齿形带;14—大带轮;15—导向节;
16—限位杆;17—限位环

图 3.36 电子式万能试验机主机结构图
(CSS-44000 型试验机)

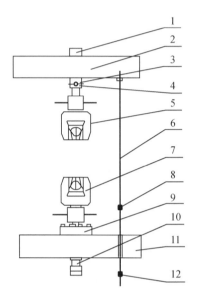

1—滚花螺母;2—上横梁;3—万向节;4—轴销;
5—上夹具;6—限位杆;7—下夹具;8—上限位;
9—负荷传感器;10—下压头;11—移动横梁;
12—下限位

图 3.37 拉伸夹具安装示意图

(4) 位置保护装置。动横梁位移行程限位保护装置由导杆、上限位环、下限位环以及限位开关组成,安装在负荷机架的左侧前方。调整上、下限位环可以预先设定动横梁上、下运动的极限位置,从而保证当动横梁运动到极限位置时,碰到限位环,进而带动导杆操纵限位开关触头切断驱动电源,动横梁立即停止运行。

电子万能试验机数字控制系统由德国 DOLI 公司的 EDC120 数字控制器和直流功率放大器组成。其中功率放大器的作用在于功率放大、驱动和控制电机。通常情况下,数字控制器与计算机相联,利用计算机软件控制和完成各种实验。

2) 测量系统

电子式万能试验机测量系统包括载荷测量、试样变形测量和活动横梁的位移测量三部分。

(1) 载荷测量。载荷测量是通过负荷传感器来完成的,本实验所用的负荷传感器为应变片式拉、压力传感器。由于这种传感器以电阻应变片为敏感元件,并将被测物理量转换成为电信号,因此便于实现测量的数字化和自动化。应变片式拉、压力传感器有圆筒式、轮辐式等类型,本试验机上采用轮辐式传感器。应变片通常接成全桥以提高其灵敏度和实现温度补偿。轮辐式拉、压力传感器的测力原理详见本书 4.1.7 节电阻应变式传感器部分。

　　(2)变形测量。试样的伸长变形量是通过变形传感器来测得的。本实验所用的变形传感器为应变式轴向引伸仪,其外形、结构原理及应变测量桥路如图 3.38 所示。引伸仪主要由刚性变形传递杆、弹性元件及贴在其上的应变片和刀刃等部件所组成。$L$ 为引伸仪的初始标距,其长度靠定位销插入销孔确定。实验前,将引伸仪装夹于试样上,当两刀刃以一定压力与试样接触,刀刃就与接触点保持同步移动,试样变形就准确地传递给引伸仪,该压力通过绑在试样上的橡皮筋得到,于是,在传递杆带动下,引伸仪的弹性元件产生弯曲应变 $\varepsilon$。从几何关系可以得到,在一定范围内 $\Delta L$ 与 $\varepsilon$ 可视为正比关系,故测得 $\varepsilon$ 后,就可知道试样的伸长 $\Delta L$,然后通过控制器并经放大后输入计算机。

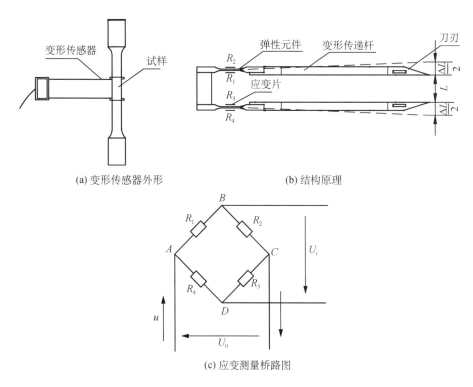

(a) 变形传感器外形　　　　　　　(b) 结构原理

(c) 应变测量桥路图

图 3.38　变形传感器示意图

　　(3)位移测量。活动横梁相对于某一初始位置的位移量测量是借助丝杠的转动来实现的,滚珠丝杠转动时,装在滚珠丝杠上的光电编码传感器输出的脉冲信号经过转换而测得位移。

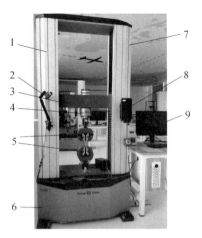

1—机架；2—摄像机；3—移动横梁；
4—力传感器；5—上下夹头；6—传动机构；
7—T形插槽；8—有线控制器；
9—电脑及显示屏

**图3.39 Tinius Olsen 电子万能
试验机 100ST**

## 2. 天氏欧森(Tinius Olsen)电子万能试验机 100ST

天氏欧森(Tinius Olsen)的 ST 系列电子万能材料试验机可用于对多种材料进行拉伸、压缩、弯曲、剪切和剥离试验，包括但不限于塑料、薄膜、纸、包装材料、过滤材料、黏性材料、箔片、食品、玩具、医疗器材和零部件，图3.39 为天氏欧森测试设备(上海)有限公司的电子万能试验机 100ST。

该试验机主要由机架(含 T 形插槽和内置传动机构)、移动横梁、多种传感器、夹头(试样放置的平台)、控制器和电脑控制软件(Horizon 软件)等组成。

1) 试验机机架

试验机机架配备了高精度的可互换型应变片式载荷传感器来采集载荷数据，这些设计使得设备容量从最小载荷传感器的 0.2% 到最大机架载荷容量之间的转换非常迅速。此外，可编程开关装置支持用户在机架净空范围内随时快速设置横梁上限和下限值。

为了保证测试区域的开放、整洁和可扩展性，每种机架立柱都配备了 T 形插槽。这些插槽通过无震动铰链装置，可以安装手持控制器、视频引伸计支架、自动引伸计支架、应变计或者 LVDT 引伸计支架和引伸臂以及保护罩等。由于保证了测试空间的整洁性，可以最大限度地无障碍安装环境箱和测试附件。

2) 传感器

ST 系列包含一套完整的附件，包括自动识别载荷传感器、夹具和固定装置(用来稳定住从最简单到最复杂的被测试样)、采用不同技术的应变测量仪器、环境箱以及其他可以用在各种机架上的附件。

全面的自识别称重传感器系列产品，夹具和可以固定从简单到复杂的各种形状的试样的紧固件。应用多种技术的应变测试仪器，保温罩以及更多其他装置也可与这些测试设备以及 Horizon 软件配合使用。这些都可以确保其成为目前市场上最好、最精确、最经久耐用、最灵活和易使用的测试系统之一。

3) Horizon 软件

Horizon 软件设置了数据分析的新标准，通过添加一系列的报表和提高数据的处理能力，能够使测试流程更为简单，无论是针对要求严苛的研发而进行的测试，亦或是为了满足 QC 测试需求的图表及分析功能，Horizon 都能做到。除了强大的报表功能，Horizon 材料测试软件还具备网络化和可扩展的特点，操控人员和管理者可以通过不同的渠道和地点来操作设备，并查看测试结果。Horizon 软件里提供了一个庞大的测试标准数据库，以及详细的、以应用为重点的测试程序。部分操作界面截图如图3.40所示。

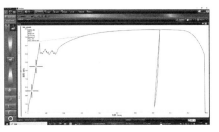

图 3.40　Horizon 软件及金属拉伸实验操作界面

4）控制器

ST 系统可以通过几种不同的控制面板来对设备进行操控。可以选择有线控制器、蓝牙无线控制器，或者装载于 PC 上的虚拟控制器，如图 3.41 所示。

虚拟控制器能够在电脑上运行，能够设定和运行测试以快速得到数值结果。安装在此界面上的 Horizon 软件，能够对复杂测试进行设置和回查，并对所有图形数据进行复杂且精确的数据分析。

蓝牙无线控制器拥有易于操作的触摸按钮和一个高分辨率的触摸屏，可进行参数设置和测试监控，显示屏以数据形式显示参数和测试结果。此款控制器配备了超清晰摄像头，可以同时记录整个测试过程，同时还具备无线网络连接功能。

有线控制器具有更大的触摸反馈按钮，来对测试设备进行操控。对于那些需要戴防护手套来进行测试的操作人员来说，这个控制器更为合适。显示器仅显示设备所使用的单个通信渠道反馈的简单数据。

(a) 有线控制器　　　　(b) 蓝牙无线控制器　　(c) 装载于PC上的虚拟控制器

图 3.41　ST 系统几种不同的控制面板

5）夹头或试验平台及引伸计

图 3.39 中 5 为做拉伸实验时采用的上下夹头，做压缩实验或梁弯曲实验时，需要去掉上下夹头换成相应实验压头或平台。可采用多种引伸计，如视频引伸计、自动引伸计、编码器、激光引伸计、应变片式引伸计以及 LVDT 引伸计，用于满足不同的测试需求。最常采用应变片式引伸计，如图 3.42 所示。

扫码观看：低碳钢和铸铁拉伸实验操作指导视频

扫码观看：低碳钢和铸铁压缩实验操作指导视频

图 3.42　应变片式引伸计

扫码观看和学习。

6）载荷精度

该设备拥有最强大、最可靠和最精准的载荷测量系统，可以在完成从 0.2%～100% 载荷范围的测试时，精确到 0.2% 以内的读数。

7）采样频率

该设备系统内部采样与更新频率可高达每通道每秒 2.73 k。为了确保信号不出现噪音和尖状信号偏离，有效阻止错误数据发生，当数据通过 USB 传输到软件时，数据频率被限制为每通道 1 kHz。

附：

低碳钢和铸铁拉伸与压缩实验也可以采用天氏欧森（Tinius Olsen）电子万能试验机 100ST 来做，请

### 3.6.3　电子式扭转试验机及测 G 装置

**1. 电子式扭转试验机**

电子式扭转试验机主机由加载机构、测力单元、显示器和试验机附件等组成，以 ND-200 为例，如图 3.43 所示。

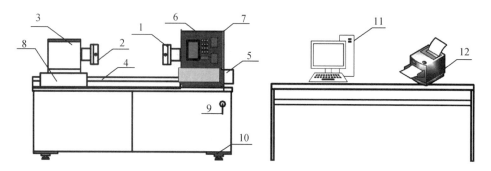

1—旋转夹头；2—固定夹头；3—内置扭矩传感器；4—导轨；5—电机；6—减速器；7—液晶屏；8—滑块；9—开关；10—底座；11—计算机及显示器；12—打印机

图 3.43　电子式扭转试验机

加载机构：安装在导轨上的加载机构，由伺服电机的带动，通过减速器使夹头旋转，对试样施加扭矩。试验机的正反加载和停车，可按显示器的标志按钮进行操作。为了适应各种材料扭力试验的需要，本试验机具有较宽的调速范围，无级调速 0°～360°可调。测力单元：通过夹头传来的力矩经传感器的处理输出，在液晶显示器和计算机上同步显示出来，根据满意程度选择保存或打印。

实验时试样安装在旋转夹头 1 和固定夹头 2 之间，安装在导轨 4 上的加载机构由伺

服电机 5 带动,通过减速器 6 使夹头 1 旋转,对试样施加扭矩。试验机的正反加载和停车,可按液晶屏 7 上面的标志按钮进行操作。测力单元:通过与固定夹头相连的扭矩传感器 3 输出电信号,在液晶屏 7 和计算机上同步显示出来,并保存于计算机。使用步骤如下:

(1) 实验前应检查设备情况,加油润滑。

(2) 用夹头时,根据试样的大小决定夹块的大小和衬套的大小,然后装上试样,塞入夹块,拧紧紧定螺钉(用三爪自动定心卡盘时不做此步骤)。

(3) 接好电源,打开钥匙开关,此时液晶屏开启,选择好实验参数,开始实验。

(4) 试样断裂后停车,保存数据。

(5) 试验机可以正方向或反方向加载,但主要适合于某一选定方向的扭转实验。改变方向时,请注意消除间隙,然后正式做实验,可先加载一次,消除可能有的机械间隙。

(6) 若试样未断裂,可反方向卸除负荷,退出主动夹头。

(7) 用夹头夹线材时可使用带齿的钳口,试样的安装应对称,可用卡尺等工具测量,然后用内六角扳手卡紧试样(用三爪自动定心卡盘时不做此步骤)。

### 2. 剪切弹性模量测试装置

该装置是用来验证剪切胡克定律和测定剪切弹性模量 $G$ 的。它由加力架和千分表测扭角仪两部分组成。其中加力部分结构如图 3.44 所示,试样 2 安装在两支座 1 之间,一端固定,一端可转动,可转动端与一臂长为 $H$ 的水平加力杆 3 固定,将砝码 4 放置于砝码盘 5 上来施加载荷 $P$,可得试样扭矩 $T=PH$。

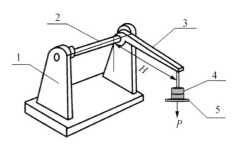

1—支座;2—试样;3—加力杆;4—砝码;
5—砝码盘

**图 3.44　JS-1 型测 G 加力架**

千分表测扭角仪结构如图 3.45 所示。它由两个夹具 6 和一个千分表 7 组成,两个夹具可安装在试样相距为标距 $l_0$ 的两个截面处,并在至试样轴线距离为 $h$ 处各伸出与试样平行的传递杆 8,两传递杆位置重叠,一杆安装固定千分表 7,一杆具有垂直千分表测杆的平面挡板 9。测杆顶端与平面挡板保持接触,当夹具随试样相对转动 $\Delta\phi$ 角时,用千分表测出两传递杆间发生 $f\Delta s=h\Delta\phi$ 的相对位移,可以得出试样标距 $l_0$ 之间的扭角增量为

$$\Delta\phi=\frac{f\Delta s}{h} \tag{3.29}$$

由图 3.46 可得切应变

$$\Delta\gamma=\frac{\Delta\phi R}{l_0} \tag{3.30}$$

将式(3.29)代入式(3.30),得

$$\Delta\gamma=\frac{f\Delta sR}{hl_0}=\frac{f\Delta sd}{2hl_0} \tag{3.31}$$

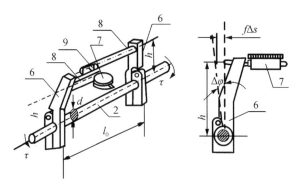

2—试件;6—夹具;7—千分表;8—传递杆;9—平面挡板

图 3.45　千分表扭角仪结构和原理

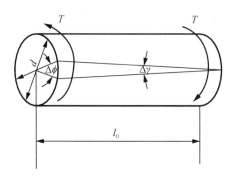

图 3.46　扭角 $\phi$ 与切应变 $\gamma$ 的关系

# 第4章 应变电测法原理及其应力分析实验

## 4.1 应变电测法原理及应用

### 4.1.1 应变电测法概述

应变电测法一般是指用电阻应变片进行应变测试的方法,也称电阻应变测试方法。应变电测法的基本原理是用电阻应变片测定构件表面的线应变,再根据应变—应力关系确定构件表面应力状态。这种方法将电阻应变片粘贴到被测构件表面,当构件变形时,电阻应变片的电阻值将发生相应的变化,然后通过电阻应变仪将电阻变化转换成电压(或电流)变化,再换算成应变值或者输出与此应变成正比的电压(或电流)信号,由记录仪进行记录,就可得到所测定的应变值,是一种将机械应变量转换成电量的测试方法。应变电测法是实验测试的重要手段,具有方便、灵敏、可遥测、可直接进行计算机处理等优点。

早在1856年W. Thomson铺设海底电缆时,就发现了电缆的电阻值随海水深度不同而不同,从而对铜丝和铁丝进行拉伸试验,发现铜丝和铁丝的应变与其电阻变化呈不同的函数关系,并且由于应变而产生的微小电阻变化可用惠斯顿电桥进行测量。这些结论正是应变电测技术的理论基础,它指出应变可转换成电阻变化并用电学方法进行测量。

1936—1938年,E. Simmons与A. Roger等人制出纸基丝式电阻应变片,并由美国Baldwin Lima Hamilton(简称BLH)公司专利生产,命名为SR-4型号。1952年,英国P. Jackson制出第一批箔式电阻应变片。1954年,C. S. Smith发现锗硅半导体的压阻效应,并于1957年制出了第一批半导体应变片。后来W. P. Mason等人应用半导体应变片制作传感器。此前已出现用电阻应变片制作的各种传感器,后来还出现了各种电学传感器,可以测量力、压强、荷重、位移和加速度等物理量。电阻应变片也研制出多种类型,如用于高温、低温的应变片及半导体应变片品种规格已达2万多种。各种传感器品种繁多,应用范围日益广泛。与此同时,出现了不同类型的测试仪器,随着电子技术的发展,测试仪器由手工操作、数字显示发展成为可自动采集数据、显示打印、软盘记录、数据传送处理分析的多功能测量系统。总之,这种应变电测与传感技术(简称电测技术)已广泛运用于各种工程结构、机械设备及模型的应力、应变、受力和变形、运动等测量分析,并可用于各种特殊环境条件下的力学测量,而且测量精度、质量和技术水平均不断提高。

电阻应变片的应用范围十分广泛,常应用于航空航天、桥梁建筑、铁路运输、工矿企业、化工、生物力学等领域。

## 4.1.2 电阻应变片的构造和工作原理

### 1. 电阻应变片基本构造

不同用途的电阻应变片,其构造不完全相同,但一般都由敏感栅、引线、基底、盖层和粘结剂组成,其基本构造见图 4.1(a);常用的有丝式和箔式电阻应变片,分别如图 4.1(b)和图 4.1(c)所示。箔式电阻应变片由电阻箔片经光刻腐蚀等工艺制作成电阻箔栅而成。将电阻丝做成栅状,可在很小面积内增加丝的长度,既达到一定阻值,又能测得局部"点"的应变。目前,甚至已能制作测量面积小于 1 mm² 的应变片。

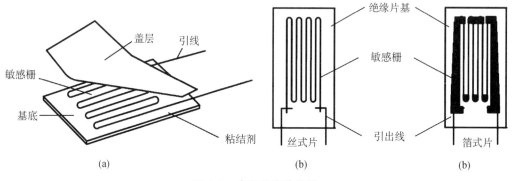

图 4.1 电阻应变片构造

（1）敏感栅:应变片中将应变量转换成电量的敏感部分,是用金属或半导体材料制成的单丝或栅状体。敏感栅的形状与尺寸直接影响应变片的性能。当片基牢固地粘贴在待求应变的部位时,与电阻丝平行的应变就传递给敏感栅了,使电阻丝发生长度变化并相应发生电阻变化。

（2）引线:从敏感栅引出电信号的金属导线。应具有较低和稳定的电阻率以及较小的电阻温度系数。

（3）基底:保持敏感栅、引线的几何形状和相对位置的部分,基底尺寸通常代表应变片的外形尺寸。基底材料应具有粘接性能和较好的绝缘性能、蠕变和滞后现象小、防潮等特性。常用的材料有纸、胶膜和玻璃纤维等。

（4）盖层:用来保护敏感栅而覆盖在敏感栅上的绝缘层。常用的材料要求与基底材料相同。

（5）粘结剂:用来将敏感栅固定在基底上,或者将应变片粘结在被测构件上,具有一定的电绝缘性能。常用环氧树脂类和酚醛树脂类粘结剂。

### 2. 电阻应变片的工作原理

因为电阻应变片的主要性能与敏感栅有关,从敏感栅中取一金属细丝,长为 $L$,截面积为 $S$,电阻率为 $\rho$,其电阻值为

$$R = \rho \frac{L}{S} \tag{4.1}$$

当其长度发生变化 $dL$ 时,电阻亦发生变化 $dR$,将式(4.1)取对数后再微分,得

$$\frac{dR}{R} = \frac{dL}{L} - \frac{dS}{S} + \frac{d\rho}{\rho} \tag{4.2}$$

在单向应力状态下,截面积 $S$ 的变化率 $\dfrac{dS}{S}$ 可用泊松效应表示($\mu$ 为泊松比)

$$\frac{dS}{S} = -2\mu \frac{dL}{L} \tag{4.3}$$

布尔兹曼(Bridgman)定理表明,金属电阻率的变化率 $\dfrac{d\rho}{\rho}$ 与体积变化率成正比,即

$$\frac{d\rho}{\rho} = m \frac{dV}{V} \tag{4.4}$$

同样,应用泊松效应

$$\frac{dV}{V} = (1 - 2\mu) \frac{dL}{L} \tag{4.5}$$

将式(4.3)、式(4.4)、式(4.5)代入式(4.2),则

$$\frac{dR}{R} = [(1 + 2\mu) + m(1 - 2\mu)] \frac{dL}{L} \tag{4.6}$$

式中,$[(1 + 2\mu) + m(1 - 2\mu)]$ 为常数,令其为 $K_0$,则式(4.6)可写成

$$\frac{dR}{R} = K_0 \frac{dL}{L} \tag{4.7}$$

而 $\dfrac{dL}{L}$ 是电阻丝的长度变化率,即它的应变 $\varepsilon = \dfrac{dL}{L}$,则

$$\frac{dR}{R} = K_0 \varepsilon \tag{4.8}$$

式(4.8)说明,电阻丝的电阻变化率与应变成正比,比例系数 $K_0$ 称为电阻丝的灵敏系数。

应变片的栅状电阻丝同样也有如下的规律

$$\frac{dR}{R} = K\varepsilon$$

用增量形式表示,则有

$$\frac{\Delta R}{R} = K\varepsilon \tag{4.9}$$

$K$ 为应变片的灵敏系数。$K$ 值与敏感栅的材料和几何形状等有关,由制造厂家用标准应变设备抽样标定后,提供给使用者。

### 4.1.3　电阻应变片的工作特性及标定

电阻应变片主要用于测量工程结构或机械零部件的应变和作为传感器中的敏感元件,这两种用途对电阻应变片的工作特性要求有所不同。

电阻应变片的工作特性有很多,在常温、中高温和低温不同工作温度使用条件下的电阻应变片又有不同的工作特性。下面仅介绍常温下电阻应变片的工作特性。

#### 1.　工作特性

1) 应变片电阻 ($R$)

应变片的电阻是指应变片在室温环境、未经安装且不受力的情况下,测定的电阻值。一般有 60 Ω、120 Ω、200 Ω、350 Ω、500 Ω 和 1 000 Ω 等,最常用的为 120 Ω 和 350 Ω 两种。在相同工作电流的情况下,应变片的阻值越大,工作电压越高,测量灵敏度也越高。

2) 应变片灵敏系数 ($K$)

应变片灵敏系数 ($K$) 是指粘贴在被测试件上的应变片,在其轴向受到单向应力时引起的电阻相对变化 $\dfrac{\Delta R}{R}$ 与由此单向应力引起的试件表面轴向应变 $\varepsilon_x$ 之比。即

$$K = \frac{\dfrac{\Delta R}{R}}{\varepsilon_x} \tag{4.10}$$

式中,$K$ 为应变片灵敏系数,其大小主要取决于敏感栅材料,另外与敏感栅形状、尺寸和基底材料、工艺有关,一般对一定形状尺寸的应变片。每批的灵敏系数不完全相等。由于应变片安装后通常不能取下再用,因此只能采用抽样方法,在专门的灵敏系数检定装置上实验测定每批电阻应变片的灵敏系数。将抽样检定得到的 $K$ 的平均值及标准误差,作为表征该批应变片的灵敏系数特性。

3) 机械滞后 ($Z_j$)

对于已安装的应变片,当温度恒定时,在增加和减少机械应变过程中,同一机械应变下指示应变的差数称为机械滞后 ($Z_j$)。它与应变片敏感栅和基底粘结剂材料有关,要求机械滞后尽可能小,机械滞后可在检定应变片灵敏系数过程中检定(加卸载前后应变读数之差)。

4) 零点漂移 ($P$) 和蠕变 ($\theta$)

在温度恒定、被测构件未承受应力的条件下,应变片的指示应变随时间的增加而逐渐变化,称为零点漂移 ($P$),简称零漂。已安装的应变片,在承受恒定机械应变情况下,温度恒定时指示应变随时间变化,称为蠕变 ($\theta$)。

零漂产生的主要原因是敏感栅通上工作电流之后产生的温度效应,应变片在制造和安装过程中所造成的内应力以及粘结剂固化不充分等。蠕变产生的主要原因是胶层在传

递应变时出现的滑动。

零点漂移和蠕变所反映的是应变片的性能随时间的变化规律,只有当应变片用于较长时间测量时才起作用。实际上,零漂和蠕变是同时存在的,在蠕变值中包含着同一时间内的零漂值。

5) 应变极限($\varepsilon_{lim}$)

已安装的应变片,在温度恒定时,指示应变和真实应变的相对误差不超过规定数值时的最大真实应变值,称为应变片应变极限($\varepsilon_{lim}$)。 测定应变极限时,以相对误差 ±10% 为限制值,一般常温应变片应变极限为 8 000～20 000 $\mu$m/m。

6) 绝缘电阻($R_m$)

已安装的应变片,其敏感栅及引线与被测试件之间的电阻值,称为应变片的绝缘电阻值($R_m$)。 常温应变片的室温绝缘电阻一般很高,可以达到 500～1 000 MΩ,如受潮湿或粘结剂固化不完全会引起 $R_m$ 不稳定和急剧减少,致使无法进行测量。

7) 横向效应系数($H$)

横向效应系数($H$)是指应变片横向灵敏系数($K_B$)与纵向灵敏系数($K_L$)之比值,即 $H = \dfrac{K_B}{K_L} \times 100\%$,用百分数表示。横向效应系数 $H$ 与应变片材料、敏感栅形状尺寸及工艺有关,$H$ 值一般由专门检定装置抽样鉴定。一般箔式应变片的 $H$ 值比丝式应变片的小很多,这是因为箔式应变片的敏感栅的横栅可制得较宽,电阻较小,横向效应系数 $H$ 随栅长减小而增大。下面举一些实例(表 4.1)。

表 4.1　横向效应系数举例

| | | | |
|---|---|---|---|
| | BX-5 | 栅长 5 mm | $H = 0.8\%$ |
| 箔式应变片 | BX-3 | 栅长 3 mm | $H = 1.2\%$ |
| | BX-1 | 栅长 1 mm | $H = 1.6\%$ |
| | BX-0.5 | 栅长 0.5 mm | $H = 2.0\%$ |
| 丝式应变片 | SZ-10 | 栅长 10 mm | $H = 1.0\%$ |
| | SZ-5 | 栅长 5 mm | $H = 2.0\%$ |

8) 热输出($\varepsilon_T$)

应变片安装在具有某线膨胀系数的试件上。试件可自由膨胀并不受外力作用,在缓慢升(或降)温的均匀温度场内,由温度变化引起的指示应变,用 $\varepsilon_T$ 表示。

由温度变化形成的总电阻相对变化 $\left(\dfrac{\Delta R}{R}\right)_T$ 对应的热输出 $\varepsilon_T$ 可表示为式(4.11)。

$$\varepsilon_T = \frac{\left(\dfrac{\Delta R}{R}\right)_T}{K} = \frac{\alpha_T}{K}\Delta T + (\beta_e - \beta_g)\Delta T \tag{4.11}$$

式中　$\beta_e$——试件材料膨胀系数;

　　　$\beta_g$——敏感栅材料的线膨胀系数;

$\Delta T$——温度变化;

$\alpha_T$——电阻温度系数。

式(4.11)表明,热输出 $\varepsilon_T$ 与 $\alpha_T$、$\beta_g$ 有关外,还与试件材料的 $\beta_e$ 有关,即在 $\beta_e$ 不同材料上,同种应变片的热输出大小是不同的。

9) 疲劳寿命($N$)

应变片的疲劳寿命是指在恒定幅值的交变应力作用下,应变片连续工作,直至产生疲劳损坏时的循环次数。当应变片出现以下三种情况之一时,就可以认为是产生疲劳损坏:①敏感栅或引线发生断落;②应变片输出幅值变化 10%;③应变片输出波形上出现穗状尖峰。

**2. 电阻应变片标定**

灵敏系数 $K$ 值是应变片的主要技术指标之一,$K$ 值的误差大小直接影响应变测量结果,$K$ 值是应变片的一个综合指标,一般需用实验方法确定。

通常在单向应力状态下测定,一般采用纯弯曲梁或等强度梁来测定。电阻应变片的应变效应基本公式为:$\dfrac{\Delta R}{R} = K \times \varepsilon$。可采用半桥测量或全桥测量标定应变片灵敏系数。标定时,将电阻应变仪的灵敏系数调为 $K_T$,此时

$$K = K_T \frac{\varepsilon_{测}}{\varepsilon} \tag{4.12}$$

式中　$K$——被测电阻应变片灵敏系数;

　　　$K_T$——电阻应变仪调定的灵敏系数;

　　　$\varepsilon_{测}$——测量应变值;

　　　$\varepsilon$——通过计算得出的理论应变值。

## 4.1.4　电阻应变片的分类

电阻应变片的种类规格很多,按敏感栅材料可分为金属电阻应变片和半导体应变片两大类。金属电阻应变片按敏感栅结构、构造方法、基底材料、工作温度范围、安装方式和用途不同可分很多种类。

**1. 金属电阻应变片**

1) 按工作温度范围分类

电阻应变片按工作温度范围分为常温、低温、中温和高温应变片。

(1) 常温应变片:工作温度为 $-30 \sim 60$℃,有的可以使用至 $100$℃。

(2) 低温应变片:工作温度低于 $-30$℃。

(3) 中温应变片:工作温度为 $60 \sim 350$℃。

(4) 高温应变片:工作温度高于 $350$℃。

2) 按敏感栅结构分类

电阻应变片按敏感栅结构分为单轴应变片、多轴应变片和复式应变片。

（1）单轴应变片用来测量敏感栅轴线方向的应变。

（2）多轴应变片又称应变花,指在同一基底上有两个或两个以上敏感栅排列成不同方向,用于测量测点主应力和主方向。另有排列在同一个方向的多个敏感栅的应变片称为应变片链,用于确定应力集中区域内的应力分布或进行应变梯度测量。

（3）复式应变片是在同一基底上将多个敏感栅排列成所需形状,并且连接成电路回路,主要用于传感器。

各类应变片结构示意见图 4.2。

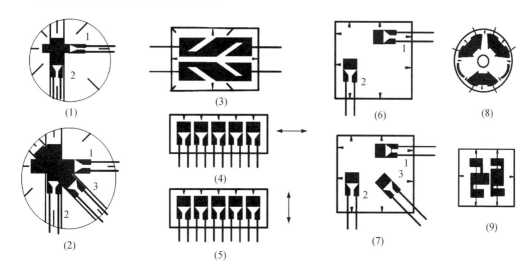

（1）和（6）直角应变花;（2）和（7）45°应变花;（3）±45°应变花;（4）和（5）纵向、横向应变片链;
（8）残余应力应变片;（9）直角应变花

**图 4.2 各类应变片示意图**

3）按敏感栅制造方法分类

电阻应变片按敏感栅制造方法分为丝式、箔式和薄膜式等。

（1）丝式应变片:敏感栅用直径 $20\sim50~\mu m$ 的合金丝由专用的制栅机制成。常见的有丝绕式和短接式,各种工作温度下工作的应变片都可以制成丝式应变片,尤其是高温应变片。受丝绕设备限制,丝式应变片栅长不能小于 2 mm,短接式应变片的横向效应系数较小,可用不同丝材组合成栅,实现温度自补偿,但焊点多,不适应于动态应变测量。

（2）箔式应变片:敏感栅用 $3\sim5~\mu m$ 厚的合金箔光刻制成,栅长最小可制成 0.2 mm。由于散热面积大,允许工作电流也大。箔式应变片敏感栅端部形状和尺寸可根据横向效应、蠕变性能要求设计,横向效应可远小于丝式应变片,蠕变可减到最小,疲劳寿命可达 $10^6\sim10^7$ 循环次数。箔式应变片质量易于控制,因而成为使用最普遍的应变片。

（3）薄膜式应变片:敏感栅可用真空蒸发或溅射等方法做在基底材料上,形成薄膜,再经光刻制成。薄膜厚度约为箔厚的 1/10 以下。敏感栅与基底附着力强,蠕变和滞后现象小,采用镍铬合金薄膜和氧化锆基底的薄膜应变片可使用至 540℃。

4）按基底材料分类

电阻应变片按基底材料可分为纸基、浸胶纸基、胶基、浸胶玻璃纤维基、金属基和临时基底六种。常温和中、低温应变片常用前四种基底。高温应变片常用金属基底,多用焊接方法安装,但也有网状金属基底,除焊接外可用粘贴的方法安装。框架式临时基底(采用铜片或聚四氟乙烯薄膜)用于高温应变片,采用粘贴或喷涂方法安装。

5)按安装方式分类

电阻应变片按安装方式可分为粘贴式应变片、焊接式应变片、喷涂式应变片和埋入式应变片四类。大多数应变片用粘结剂粘贴安装,对中温、高温应变片粘结剂需要加热固化处理,才能有良好粘结效果。焊接式应变片安装时采用专用焊接设备,将应变片金属基底点焊或者滚焊在被测构件表面上,这类应变片主要用于安装后不能对粘结剂进行高温固化处理的大型钢结构构件表面的高温应力测量。喷涂式应变片采用喷涂高纯 $Al_2O_3$ 或其他陶瓷粉等方法使应变片敏感栅直接固定在构件表面上。即采用火焰或等离子喷枪将 $Al_2O_3$ 等粉末熔化,呈雾状喷到应变片表面,冷却后敏感栅则被固定在构件表面上。埋入式应变片可埋入混凝土或塑料中以测量其内部的应变。

6)按用途分类

电阻应变片按用途可分为一般用途、特殊用途和传感器专用应变片三类。前两种一般用于结构应力、应变测量和用作传感器敏感元件;后者用于有专门性能要求的传感器,如为使传感器输出随温度变化保持恒定的弹性模量自补偿应变片,或是在温度恒定时,使传感器输出随时间变化很小的蠕变自补偿应变片等。

7)按工作性质不同分类

按工作性质不同,电阻应变片又可分为工作应变片和温度补偿片。工作应变片是粘贴在被测构件上的应变片,该应变片的电阻变化率不仅受所贴构件承载变形的影响,而且还受温度变化的影响。温度补偿片是粘贴在与被测构件材料相同、温度变化相同,但不受任何外力的补偿块上的应变片。

**2. 半导体应变片**

半导体应变片的敏感栅是由锗或硅等半导体材料制成的。按照敏感栅的制造方法分为三种。

1)体型半导体应变片

体型半导体应变片将单晶硅或单晶锗按照一定晶轴方向切成薄片,经过掺杂、抛光、光刻等制成。栅形有单条、双条或者多条形,栅长一般为 $1\sim5$ mm,内引线采用纯金细线。此种应变片多用于应力测量,尤其用于小应变测量。

2)扩散型半导体应变片

利用固体扩散技术将某种杂质元素扩散到半导体材料上,可制成扩散型半导体应变片。

3)薄膜型半导体应变片

薄膜型半导体应变片是由硅锗等半导体材料形成厚度 $0.1\ \mu m$ 的导电薄膜,基底材料有金属箔玻璃或者陶瓷薄片。常用于直接在弹性元件上蒸镀出薄膜型敏感栅桥路,制成各种微型测力计、血压计或其他用途的压力传感器等。

### 4.1.5　电测法接桥方式

应变电测方法是利用金属电阻应变片,将结构、材料的应变转换成电阻变化,需要用测量仪测量其电阻变化进而间接测量应变。由于应变一般很小,需要电桥电路把电阻变化率变成电桥电压变化,再与放大器组成专门的电阻应变测量仪器,从而可方便直接地测量应变。电桥的电源可以是直流或交流,电桥可以分为电压输出桥和电流输出桥,下面从直流电压输出桥介绍各种电桥电路的特性。

#### 1. 电阻变化率 $\dfrac{\Delta R}{R}$ 的测定

为了测量 $\varepsilon$,就要测得 $\dfrac{\Delta R}{R}$,而 $\dfrac{\Delta R}{R}$ 是通过电压输出桥测得的,测量电桥如图 4.3 所示。

电阻 $R_1$、$R_2$、$R_3$、$R_4$ 构成电桥的四个桥臂,它们可用应变片代替。在 $AC$ 端输入稳定的供桥电压 $U$,$BD$ 端则输出电压 $U_0$,当四个桥臂电阻处于一定关系时,输出电压 $U_0$ 为零,此时,称电桥平衡。根据电工原理,电流

$$I_1 = \frac{U}{R_1 + R_2}, \quad I_2 = \frac{U}{R_3 + R_4}$$

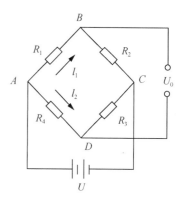

**图 4.3　测量电桥**

输出电压

$$
\begin{aligned}
U_0 &= U_{BA} - U_{DA} = I_1 R_1 - I_2 R_4 \\
&= \left( \frac{R_1}{R_1 + R_2} - \frac{R_4}{R_3 + R_4} \right) U = \frac{R_1 R_3 - R_2 R_4}{(R_1 + R_2)(R_3 + R_4)} U
\end{aligned}
\tag{4.13}
$$

要使 $U_0$ 为零,必有 $R_1 R_3 = R_2 R_4$,此即为电桥平衡条件。

当桥臂电阻值改变一个微量时,平衡破坏,则输出电压 $U_0 \neq 0$,其增量为

$$\Delta U_0 \approx \frac{\partial U_0}{\partial R_1} \Delta R_1 + \frac{\partial U_0}{\partial R_2} \Delta R_2 + \frac{\partial U_0}{\partial R_3} \Delta R_3 + \frac{\partial U_0}{\partial R_4} \Delta R_4 \tag{4.14}$$

将 $U_0 = \left( \dfrac{R_1}{R_1 + R_2} - \dfrac{R_4}{R_3 + R_4} \right) U$ 代入式(4.14),可得

$$\frac{\partial U_0}{\partial R_1} \Delta R_1 = \frac{(R_1 + R_2) - R_1}{(R_1 + R_2)^2} \Delta R_1 U = \frac{R_1 R_2}{(R_1 + R_2)^2} \times \frac{\Delta R_1}{R_1} U \tag{4.15}$$

$$\frac{\partial U_0}{\partial R_2} \Delta R_2 = \frac{-R_1}{(R_1 + R_2)^2} \Delta R_2 U = \frac{R_1 R_2}{(R_1 + R_2)^2} \times \frac{\Delta R_2}{R_2} U \tag{4.16}$$

同理

$$\frac{\partial U_0}{\partial R_3} \Delta R_3 = \frac{R_3 R_4}{(R_3 + R_4)^2} \times \frac{\Delta R_3}{R_3} U \tag{4.17}$$

$$\frac{\partial U_0}{\partial R_4}\Delta R_4 = -\frac{R_3 R_4}{(R_3+R_4)^2} \times \frac{\Delta R_4}{R_4}U \tag{4.18}$$

将式(4.15)~式(4.17)代入式(4.14),则

$$\Delta U_0 = \left[\frac{R_1 R_2}{(R_1+R_2)^2}\left(\frac{\Delta R_1}{R_1}-\frac{\Delta R_2}{R_2}\right)+\frac{R_3 R_4}{(R_3+R_4)^2}\left(\frac{\Delta R_3}{R_3}-\frac{\Delta R_4}{R_4}\right)\right]U \tag{4.19}$$

当桥臂电阻全等或对称,即 $R_1 = R_2 = R_3 = R_4$,或 $R_1 = R_2$,$R_3 = R_4$ 时,则

$$\frac{R_1 R_2}{(R_1+R_2)^2} = \frac{R_3 R_4}{(R_3+R_4)^2} = \frac{1}{4} \tag{4.20}$$

将式(4.20)代入式(4.19),则有

$$\Delta U_0 = \frac{U}{4}\left(\frac{\Delta R_1}{R_1}-\frac{\Delta R_2}{R_2}+\frac{\Delta R_3}{R_3}-\frac{\Delta R_4}{R_4}\right) \tag{4.21}$$

将式(4.9)代入式(4.19),则有

$$\Delta U_0 = \frac{Uk}{4}(\varepsilon_1 - \varepsilon_2 + \varepsilon_3 - \varepsilon_4) \tag{4.22}$$

式(4.22)表明,输出电压的增量 $\Delta U_0$ 与桥臂上应变组合 $(\varepsilon_1 - \varepsilon_2 + \varepsilon_3 - \varepsilon_4)$ 成正比,如将 $\Delta U_0$ 按单位读数 $UK/4$ 指示,则能直接读出 $(\varepsilon_1 - \varepsilon_2 + \varepsilon_3 - \varepsilon_4)$ 的大小,即输出读数

$$\varepsilon_{ds} = \varepsilon_1 - \varepsilon_2 + \varepsilon_3 - \varepsilon_4 \tag{4.23}$$

式(4.23)是应变电测最重要的关系式,各种应变测量方法均以此为依据。根据测量电桥图 4.3 和公式(4.23)可知测量电路的特点:相邻桥臂应变相减,相对桥臂应变相加。

### 2. 温度补偿

在测量时,如果构建及粘贴应变片的工作环境温度发生变化,应变片将产生热输出 $\varepsilon_T$。由于结构处在不承载且无约束状态下 $\varepsilon_T$ 仍然存在,当结构承受荷载时,这个应变就会与由荷载作用而产生的应变叠加在一起输出,使测量到的输出应变中包含了因环境温度变化而引起的应变 $\varepsilon_T$,因而必然对测量结果产生影响。

温度引起的应变 $\varepsilon_T$ 的大小可以与构件的实际应变相当。因此,在应变电测中,必须消除温度应变 $\varepsilon_T$,以排除温度的影响。

测量应变片既传递被测构件的机械应变,又传递环境温度变化引起的应变。根据式(4.23),如果将两个应变片接入电桥的相邻桥臂,或将四个应变片分别接入电桥的四个桥臂,只要每个应变片的 $\varepsilon_T$ 相等,即应变片相同、被测构件材料相同、所处温度场相同,则电桥输出中就消除了 $\varepsilon_T$ 的影响,这就是桥路补偿法,或称为温度补偿法。温度补偿法可以分为以下两种。

1) 温度另补偿

此方法是准备一个材料与被测构件相同,但不受外力的补偿块。将它置于构件被测点附近,使补偿片与工作片处于同一温度场中。在构件被测点处粘贴电阻应变片 $R_1$,称

工作应变片,接入电桥的 $AB$ 桥臂;另外在补偿块上粘贴一个与工作应变片规格相同的电阻应变片 $R_2$,称温度补偿片,接入电桥的 $BC$ 桥臂,在电桥的 $AD$ 和 $CD$ 桥臂上接入固定电阻 $R$,组成等臂电桥,如图 4.4 所示。这样根据电桥的基本式(4.23),在测量结果中便消除了温度的影响。

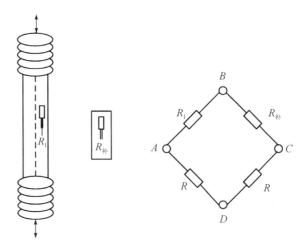

图 4.4 温度另补偿法

2) 温度自补偿

在同一被测试件上粘贴几个工作应变片,将它们适当地接入电桥中(如相邻桥臂)。当试件受力且测点环境温度变化时,每个应变片的应变中都包含外力和温度变化引起的应变,根据电桥基本公式(4.23),在应变仪的读数应变中能消除温度变化所引起的应变,从而得到所需测量的应变,这种方法叫工作片补偿法或称自补偿法(图 4.5)。在该方法中,工作应变片既参加工作,又起到了温度补偿的作用。

如果在同一试件上能找到温度相同的几个贴片位置,而且它们的应变关系又已知,就可以采用工作片补偿法进行温度补偿。

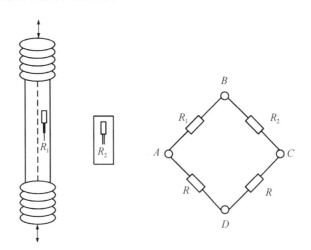

图 4.5 温度自补偿法

### 3. 桥路连接

各种应变片可接入电桥的各桥臂,利用式(4.23),在桥路中接入应变片可有多种方式。电桥连接方式分为 1/4 桥接(温度另补偿)、半桥和全桥。

1) 1/4 桥接

单臂半桥测量常用于温度另补偿,如图 4.6 所示,桥路中只有一个桥臂参与构件的机械变形($R_1$)。$R_1$ 是工作应变片,$R_2$ 是温度补偿片,$R_3$ 和 $R_4$ 是仪器内部的精密无感电阻,输出的桥压为

$$U_0 = \frac{E}{4}\frac{\Delta R_1}{R_1} = \frac{EK}{4}\varepsilon_1$$

(4.24)

$$\varepsilon_{ds} = \varepsilon_1$$

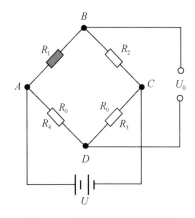

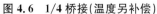

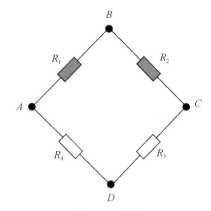

图 4.6　1/4 桥接(温度另补偿)　　　　　图 4.7　半桥

2) 半桥

桥路中相邻的两个桥臂参与构件的机械变形(图 4.7)。$R_1$ 和 $R_2$ 是工作应变片,$R_3$ 和 $R_4$ 是仪器内部的精密无感电阻,输出的桥压为

$$U_0 = \frac{E}{4}\left(\frac{\Delta R_1}{R_1} - \frac{\Delta R_2}{R_2}\right) = \frac{EK}{4}(\varepsilon_1 - \varepsilon_2)$$

(4.25)

$$\varepsilon_{ds} = \varepsilon_1 - \varepsilon_2$$

当 $\varepsilon_1$、$\varepsilon_2$ 同时为拉应变时,极端情况下当 $\varepsilon_1 = \varepsilon_2$ 时,则

$$U_0 = \frac{E}{4}\left(\frac{\Delta R_1}{R_1} - \frac{\Delta R_2}{R_2}\right) = \frac{EK}{4}(\varepsilon_1 - \varepsilon_2) = 0$$

(4.26)

$$\varepsilon_{ds} = 0$$

所以,实际测量时有时需要使 $\varepsilon_1$ 产生拉应变,$\varepsilon_2$ 产生压应变,最好使 $\varepsilon_1 = -\varepsilon_2$,则

$$U_0 = \frac{E}{4}\left(\frac{\Delta R_1}{R_1} - \frac{\Delta R_2}{R_2}\right) = \frac{EK}{4}2\varepsilon_1$$

(4.27)

$$\varepsilon_{ds} = 2\varepsilon_1$$

### 3) 全桥接法

桥路中的四个桥臂参与构件的机械变形(图 4.8)，$R_1$，$R_2$，$R_3$，$R_4$ 都是工作应变片，称全桥接法。

输出的桥压为

$$\Delta U_0 = \frac{U}{4}\left(\frac{\Delta R_1}{R_1} - \frac{\Delta R_2}{R_2} + \frac{\Delta R_3}{R_3} - \frac{\Delta R_4}{R_4}\right)$$

$$\varepsilon_{ds} = \varepsilon_1 - \varepsilon_2 + \varepsilon_3 - \varepsilon_4 \qquad (4.28)$$

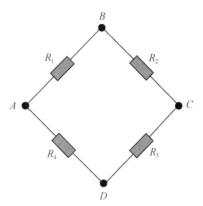

图 4.8　全桥连接

### 4) 串联和并联测量接线法

在应变测量过程中，可将应变片串联或并联起来接入测量桥臂，图 4.9(a)为串联半桥测量接线法，图 4.9(b)则为并联半桥测量接线法，也可以接成串联或并联的全桥接线法。

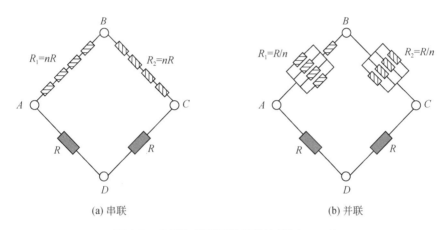

(a) 串联　　　　　　　　　　(b) 并联

图 4.9　串联和并联测量接线法(图中 $n=4$)

(1) 串联半桥测量。

设在 AB 桥臂中串联了 $n$ 个阻值为 $R$ 的应变片[图 4.9(a)]，则总阻值 $R$ 为 $nR$，当每个应变片的电阻值改变量分别为 $\Delta R'_1, \Delta R'_2, \cdots, \Delta R'_n$ 时，则总应变 $\varepsilon$ 如式(4.29)所示。

$$\varepsilon = \frac{1}{K}\left(\frac{\Delta R}{R}\right) = \frac{1}{K}\left(\frac{\Delta R'_1 + \Delta R'_2 + \cdots + \Delta R'_n}{nR}\right) = \frac{1}{n}\sum_{i=1}^{n}\varepsilon'_i \qquad (4.29)$$

式中，$\varepsilon'$ 为第 $i$ 个应变片的应变。由式(4.29)可知：

① 串联半桥测量时桥臂的应变为各个应变片应变值的算术平均值。这一特点在实际测量时具有实用价值。

② 当每一个桥臂中串联的所有应变片的应变相同时，即 $\varepsilon'_1 = \varepsilon'_2 = \cdots = \varepsilon'_n = \varepsilon'$ 时，则总应变 $\varepsilon = \varepsilon'$，即桥臂的应变就等于串联的某个应变片的应变值，串联不提高测量的灵敏度。

③ 串联后的桥臂电阻增大，在限定电流下，可以提高供桥电压，相应地增大读数应变，提高测量灵敏系数。

（2）并联半桥测量。

设在 AB 桥臂中并联了 $n$ 个阻值分别为 $R_1$，$R_2$，$\cdots$，$R_n$ 的应变片[图 4.9(b)]，则其总阻值 $R$ 为

$$\frac{1}{R} = \frac{1}{R_1} + \frac{1}{R_2} + \cdots + \frac{1}{R_n} = \sum_{i=1}^{n} \frac{1}{R_i} \tag{4.30}$$

对式（4.30）微分，可得

$$-\frac{1}{R^2}\mathrm{d}R = -\frac{1}{R_1^2}\mathrm{d}R_1 - \frac{1}{R_2^2}\mathrm{d}R_2 - \cdots - \frac{1}{R_n^2}\mathrm{d}R_n = -\sum_{i=1}^{n}\frac{1}{R_i^2}\mathrm{d}R_i \tag{4.31}$$

如果所有应变片的阻值均相等，即 $R_1 = R_2 = \cdots = R_n = R_0$，则总电阻 $R = R_0/n$。 故有

$$\frac{1}{R}\mathrm{d}R = \frac{1}{n}\sum_{i=1}^{n}\frac{1}{R_0}\mathrm{d}R_i \tag{4.32}$$

即

$$\varepsilon = \frac{1}{K}\left(\frac{\mathrm{d}R}{R}\right) = \frac{1}{Kn}\sum_{i=1}^{n}\frac{\mathrm{d}R_i}{R_i} = \frac{1}{Kn}\sum_{i=1}^{n}K\varepsilon_i' = \frac{1}{n}\sum_{i=1}^{n}\varepsilon_i' \tag{4.33}$$

与式（4.29）一样，这表明：

① 并联半桥测量时桥臂的应变为各个应变片应变值的算术平均值。

② 当每一个桥臂中并联的所有应变片的应变相同时，即 $\varepsilon_1' = \varepsilon_2' = \cdots = \varepsilon_n' = \varepsilon'$ 时，则总应变 $\varepsilon = \varepsilon'$，即桥臂的应变就等于并联的单个应变片的应变值，并联不提高测量的灵敏度。

③ 并联后的桥臂电阻减小，在通过应变片的电流不超过最大工作电流的条件下，电桥的输出电流可以相应提高 $n$ 倍，有利于电流检测。

从以上分析可见，不同的组桥方式所得的读数应变是不同的。因此，在实际应用时应根据具体情况和要求采用不同的接桥方式。

## 4.1.6　电阻应变仪的相关介绍

按上述理论设计并具有电桥接口、应变信号放大、指示或输出功能的仪器为应变仪。电阻应变仪是根据应变检测要求而设计的一种专用仪器。它的作用是将电阻应变片组成电桥，并对电桥输出电压进行放大、转换，最终以应变量值显示或根据后续处理需要传输信号。根据被测构件的应变特点，电阻应变仪分为静态电阻应变仪和动态电阻应变仪。静态电阻应变仪测量静态或缓慢变化的应变信号，动态电阻应变仪测量连续快速变化的应变信号。

扫码观看：
DH3818Y
电阻应变仪
使用介绍

### 1. DH3818-2 型静态应变仪

下面以 DH3818 型静态电阻应变仪为例，讲解静态电阻应变仪的原理和使用步骤。

1）概述

DH3818-2 型静态应变测试仪(图 4.10)由数据采集箱、微型计算机及支持软、硬件构成,可自动或手动、准确可靠、快速进行静态应变测量,被广泛应用于机械、土木、航空、航天、国防、交通等领域。若配接合适的应变式传感器,还可测量压力、扭矩、位移、温度等物理量。

静态应变测试仪具有自动平衡功能,内置标准电阻 120 Ω,可方便实现全桥、半桥及 1/4 桥(公用补偿片)连接(连接方式见本节"桥路连接"部分)。可以手动控制,大屏数码管显示测量通道和输入应变量,可通过功能键设置显示通道、修正系数及平衡操作;也可以选择程序自动控制,和笔记本电脑 RS-232 口进行数据通信,最大程度上满足了对便携式仪器的要求,可方便地应用于野外测试。

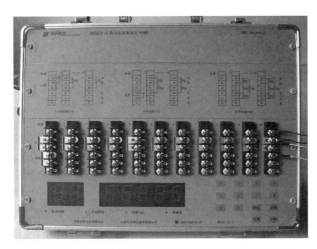

图 4.10　DH3818-2 型静态电阻应变仪(10 个通道)

2）技术指标

(1) 测量点数:10 点或 20 点,每台计算机可控制 16 台静态应变测量仪。

(2) 程控状态下采样速率:10 测点/秒。

(3) 测试应变范围:$\pm 19\,999\ \mu\varepsilon$。

(4) 分辨率:$1\ \mu\varepsilon$。

(5) 系统不确定度:不大于 $0.5\%\pm 3\ \mu\varepsilon$。

(6) 零漂:$\leqslant 4\ \mu\varepsilon/2\ h$(程控状态)。

(7) 供桥电压(DC):$2\ V\pm 0.1\%$。

(8) 自动平衡范围:$\pm 15\,000\ \mu\varepsilon$,(即灵敏度系数 $K=2.00,120\ \Omega$ 应变计阻值误差的 $\pm 1.5\%$)。

(9) 测量结果修正系数范围:$0.000\,0\sim 9.999\,9$(手动状态)。

(10) 适用应变计电阻值:$50\sim 10\,000\ \Omega$。

(11) 应变计灵敏度系数:$1.0\sim 3.0$ 可进行任意修正;长导线电阻修正范围:$0.0\sim 100\ \Omega$。

(12) 交流电源电压:$220\ V\pm 10\%,50\ Hz\pm 2\%$。

（13）仪器功率:约 15 W。

（14）外形尺寸:353 mm(长)×291 mm(宽)×105 mm(高)。

（15）自重:约 4 kg。

3）工作原理

（1）惠斯通电桥测量原理。

现以 1/4 桥、120 Ω 桥臂电阻为例进行阐述。如图 4.11 所示,左侧为惠斯通电桥 AC 为电源端,A 点系直流电源正板(Eg),C 端系直流电源负极(O),B 端、D 端分别为输出信号的 $V_i^+$、$V_i^-$ 端。第一桥臂(AB)为测量片电阻 Rg(120 Ω),第四桥臂(AD)为补偿片电阻 R(120 Ω),第二、三桥臂(BC、CD)为仪器内标准电阻 R(120 Ω)。

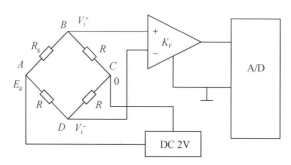

$R_g$—测量片电阻;$R$—固定电阻;$K_F$—低漂移差动放大器增益

**图 4.11 测量原理**

由电桥原理,电桥的输出电压 $V_i$ 为:$V_i = 0.25E_g K\varepsilon$;$E_g$ 为桥压(DC 2 V);$K$ 为应变片灵敏系数;$\varepsilon$ 为输入应变量 $\mu\varepsilon$。低漂移仪表放大器的输出电压 $V_0$ 为:$V_0 = K_F V_i = 0.25K_F E_g K\varepsilon$,$K_F$ 为放大器的增益。

$$\text{故} \qquad\qquad\qquad \varepsilon = \frac{4V_0}{E_g K K_F} \qquad\qquad\qquad (4.34)$$

式中　$V_i$——直流电桥的输出电压;

　　　$E_g$——桥压(V);

　　　$K$——应变计灵敏度系数;

　　　$\varepsilon$——输入应变量($\mu\varepsilon$);

　　　$V_0$——低漂移仪表放大器的输出电压($\mu$V);

　　　$K_F$——放大器的增益。

当 $E_g = 2V$　$K = 2$ 时,式(4.34)为

$$\varepsilon = \frac{V_0}{K_F}$$

对于半桥电路,应变为

$$\varepsilon = \frac{2V_0}{E_g K K_F} \qquad\qquad\qquad (4.35)$$

对于全桥电路,应变为

$$\varepsilon = \frac{V_0}{E_g K K_F} \tag{4.36}$$

这样,测量结果由软件加以修正即可。

（2）软件功能（程控状态）。

本系统的控制软件可以工作于中文视窗 NT/2000/XP 操作系统下实现了文件管理、参数设置、平衡操作、采样控制、数据查询和打印控制等功能。

4）数据采集箱的面板的功能介绍

数据采集箱的面板如图 4.12 所示,其功能介绍如下。

（1）A 为补偿应变片接线端子。

（2）B 为应变片接线端子。

（3）C 为通道号显示数码管。

（4）D 为应变量及设置灵敏系数的显示数码管。

（5）E 为自动控制指示。

（6）F 为手动控制指示。

（7）G 为应变量指示,当此灯亮表示 B 显示的是 A 所指示的通道号对应的应变量。按数字键则显示所按数值,此键在修改通道号和灵敏系数时有效。

（8）H 为灵敏度指示,当此灯亮表示 B 显示的是 A 所指示的通道的修正系数。此时灵敏系数值的改变可通过数字键来设置。当测点号为 0,此时修改灵敏度值,则所有测点的灵敏度都会修改;如测点号为非 0,此时修改灵敏度值,仅对本测点有效。

（9）I 为数字键,用于切换测点和设置灵敏度。

（10）J 为确认键,按此键确认通道号或灵敏系数,当通道号数值大于 20 时,则数码管闪烁;若通道号不能被确定,此时可按退格键更改数值;确认灵敏系数时,按此键将灵敏系数显示切换为应变量显示。

（11）K 为退格键,按此键时闪烁的数码管显示值退后一位,此键在修改通道号和灵敏系数时有效。

（12）L 为设置键,按此键将应变量显示切换为灵敏系数显示,此时可按数字键来更改灵敏系数。

（13）M 为平衡键,此键在通道号和灵敏度已确定时有效。如测点号为非 0,按此键可平衡 A 所显示的通道;当测点号为 0,按此键则平衡所有测点。

（14）N 为仪器电源开关。

（15）O 为 220 V 交流电源输入插座,带保险丝座,内嵌 0.3 A 保险丝。

（16）P 为接地端子。

（17）Q 和 R 为 RS485 扩展通信接口,两个接口完全一样,可互换。采用通信扩展线可将多台仪器连接,一台计算机最多可控制十六台仪器。

（18）S 为 USB 通信接口,与计算机通信用。

（19）T 为 1/4 桥、半桥、全桥接线图。

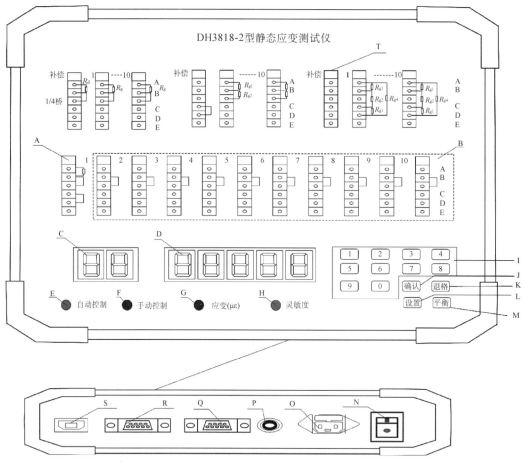

图 4.12　DH3818-2型静态电阻应变仪(10个通道)

5）桥路的连接

桥路分 1/4 桥、半桥和全桥。接线时,应将导线头放置于接线端子金属压片下方,并拧紧固定螺钉,尽量减少接触电阻,以保证测量时的应变读数稳定。应变测试仪有内部电阻,在 1/4 桥、半桥连接时,内部电阻和外接应变片一起组成惠斯顿测量电桥。全桥连接时,惠斯顿电桥均由外接应变片组成。应变测试仪桥路内部电阻接线示意如图 4.13—图 4.16 所示。

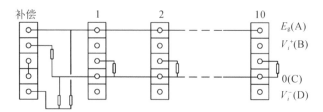

图 4.13　应变测试仪桥路内部电阻线路示意图

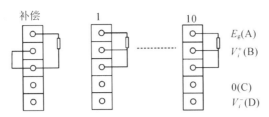

**图 4.14　1/4 桥外接应变片接线示意图**

　　1/4 桥(多通道共用补偿片)为单臂测量桥路,多通道共用补偿片,即各通道的温度补偿桥臂是共用的,测量时温度补偿应变片只需一枚。

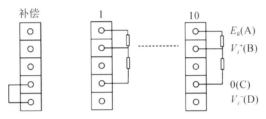

**图 4.15　半桥外接应变片接线示意图**

　　半桥可以是一片工作片和一片温度补偿片组成半桥另补偿桥路,也可以是两片工作片组成自补偿桥路。

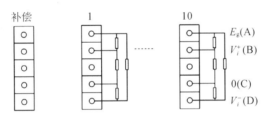

**图 4.16　全桥外接应变片接线示意图**

　　全桥,四个桥臂均为外接应变片。应变计的连接如表 4.2、表 4.3 所示。

**表 4.2　应变片的连接**

| 序号 | 用途 | 现场实例 | 与采集箱的连接 | 输入参数 |
|------|------|----------|----------------|----------|
| 方式一 | 1/4 桥(多通道共用补偿片)适用于测量简单拉伸压缩或弯曲应变 | | | 灵敏系数导电电阻应变片电阻 |
| 方式二 | 半桥(一片工作片,一片补偿片)适用于测量简单拉伸压缩或弯曲应变环境较恶劣 | | | 灵敏系数导电电阻应变片电阻 |

(续表)

| 序号 | 用途 | 现场实例 | 与采集箱的连接 | 输入参数 |
|---|---|---|---|---|
| 方式三 | 半桥(2片工作片)适用于测量简单拉伸压缩或弯曲应变环境温度变化较大 | | | 灵敏系数导电电阻应变片电阻泊松比 |
| 方式四 | 半桥(2片工作片)适用于只测量弯曲应变,消除拉伸压缩应变 | | | 灵敏系数导电电阻应变片电阻 |

表 4.3　自补偿应变片(三根线)的连接

| 序号 | 用途 | 现场实例 | 与采集箱的连接 | 输入参数 |
|---|---|---|---|---|
| 方式二 | 半桥(一片自补偿工作片)适用于测量简单拉伸压缩或弯曲应变环境温度变化较大(注:老接法) | | | 灵敏系数导电电阻应变片电阻 |
| 方式二 | 半桥(一片自补偿工作片)适用于测量简单拉伸压缩或弯曲应变环境温度变化较大(注:新接法) | | | 灵敏系数导电电阻应变片电阻 |

6) 灵敏系数 $K$ 修正

在使用静态电阻应变仪测量应变时,应根据应变片的灵敏系数、导线情况和电阻值进行灵敏系数 $K$ 的修正。当静态电阻应变仪处于自动控制状态时,只需在参数设定时输入实际参数值,应变仪便自动修正灵敏系数 $K$ 值。当静态电阻应变仪在手动状态时,灵敏系数按下述方法确定 $K_1$、$K_2$、$K_3$ 后,按 $K = K_1 K_2 K_3$ 计算修正值,然后手动设置相应的 $K$ 修正值。

(1) $K_1$ 为应变片灵敏系数修正值。

本仪器设计时将应变片灵敏系数设定为"2",实际用的应变片灵敏系数不是"2"时,须进行修正,取 $K_1 = \dfrac{2}{K_i}$,$K_i$ 为实际使用的应变片的灵敏系数值。

（2）$K_2$ 为导线长度的修正值。

应变片不考虑导线长度电阻 $R_L$ 时，$K_2 = 1$，如导线较长，一般 $L \geqslant 10$ m 时，根据接桥考虑单根导线电阻值 $R_L$ 时

$$K_2 = 1 + \frac{R_L}{R} \tag{4.37}$$

（3）$K_3$ 为应变片电阻的修正值

全桥和半桥时，桥路状态为卧式桥，测量结果和等臂桥相同。1/4 桥时，桥路状态为立式桥，仪器设计时四个桥臂电阻均设定为 120 Ω，若外接应变片的电阻值 $R$ 与 120 Ω 相差较大时

$$K_3 = \frac{\dfrac{120}{R} + \dfrac{R}{120} + 2}{4} \tag{4.38}$$

7）应变仪的使用步骤

（1）接线成桥。根据构件受力和应变片布置情况，定好接桥方式，接入应变仪桥路接口。

（2）预调平衡。加载前，用起子调节平衡电位器使桥路平衡，显示为 0。同时根据应变片的灵敏系数 $K$，调整相应的标定系数。多桥路时，用选点旋钮，依次接入各桥路，分别调节桥路的同编号平衡电位器，使该桥路平衡显示为 0。

（3）加载后测量。加载后产生应变，电桥失去平衡，输出相应电压。显示值即为某测点应变 $\varepsilon$ 放大 $m$（工作臂系数）倍后的读数 $\varepsilon_{ds}$。同样，使用选点旋钮，依次接入各桥路，即可把各测点分别测读完。

**2. DH3818Y 静态应力应变测试分析系统**

以江苏东华测试技术股份有限公司的 DH3818Y 静态应力应变测试分析系统为例进行讲解，如图 4.17 所示。

**图 4.17　DH3818Y 静态应力应变测试分析系统图**

1）概述

DH3818Y 是特地为学生实验设计的液晶屏静态应变测试仪，每台包括 8、16 或 24 个

测量通道共三种不同的配置选择,每个测量通道都可以测力、位移或应变。测量时,通过液晶屏或电脑软件实现采样控制和数据的分析等功能。DH3818Y被广泛用于各大高校、各行业研究院所、工程检测现场和产品研发过程的静态结构性能测试。8通道、16通道或24通道的DH3818Y在系统的连接使用上没有区别,仅是通道数量有所不同,以下说明均以24通道的DH3818Y为例。

2) 应用范围

可完成全桥、半桥、1/4桥(三线制自补偿)和1/4桥(公共补偿)状态的应力应变测试和分析,并配合各种桥式传感器,实现力、荷重、位移等物理量的测量。

3) 功能特点

(1) 实现多通道并行,高速、长时间连续采样。

(2) 高度集成:模块化设计的硬件,每个模块4通道,每行两个模块机箱形式。

(3) 每台计算机可控制多台采集仪进行采样,满足多通道、高精度的测量需求。

(4) 计算机通过以太网与仪器通信,对采集器进行参数设置(量程、传感器灵敏度等)、清零、采样、停止等操作,并实时传送采样数据。

(5) 和各种桥式传感器配合,可对力、压力、位移等物理量进行精确测试。

(6) 支持0~2 V及±60 mV分档电压测量,程控切换桥路。

(7) 可设置任意一个测点作为补偿测点,也可使用公共补偿端进行补偿;

(8) 中文Windows XP/7/8/8.1/10操作系统下采用Vc++编制的采样控制和分析软件,具有极强的实时性以及良好的可移植性、可扩充性和可升级性。

(9) 应力应变测量时,软件中输入桥路方式、应变计电阻、导线电阻和应变计灵敏度系数,软件完成对测量结果的自动修正;软件中输入被测试件材料的弹性模量和泊松比,软件将完成应力及两片直角、三片45°直角、60°等边三角形、伞形、扇形等应变花主应力及方向的计算。

(10) 根据传感器的输出灵敏度,完成被测物理量单位量纲的归一化,并直接显示被测物理量。

(11) 计算机完成自动平衡、试采样、单次采样和定时采样的控制,以及将任选两测点的测量数据定义为 $x$ 轴和 $y$ 轴,边采样边绘制成曲线,完成 $x$-$y$ 记录仪(滞回曲线)的功能。

(12) 为防止数据丢失,根据采样的时间将数据优先存硬盘,数据的管理包括了打开文件、数据备份、文件删除、数据格式转换(TXT)等功能,保证了数据处理方便可靠。

(13) 仪器内部自带存储器,可脱机存储数据,连接电脑后可进行数据回收。

(14) 可使用直流供电,亦可选配锂电池供电模块。

(15) 使用斜插式防烫端子,方便接线,并且可使用烙铁重复焊接,端子不会变形。

(16) 液晶屏控制功能,屏幕大小为7.0英寸。

(17) 根据用户要求增加软件功能。

4) 系统组成

(1) 仪器与多种传感器的连接如图4.18所示。

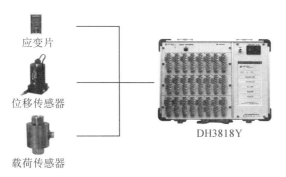

图 4.18　传感器与仪器的连接

（2）电脑通过以太网连接如图 4.19、图 4.20 所示。

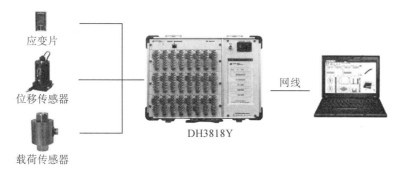

图 4.19　单台仪器与计算机以太网连接

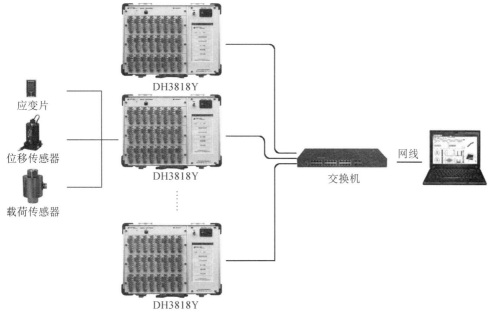

图 4.20　多台仪器与计算机通过以太网交换机连接

5) DH3818Y 技术指标

DH3818Y 静态、应力应变测试分析系统的技术指标见表4.4。

表 4.4　技术指标

| 测量点数 | 8、16 或者 24(应变应力、桥式传感器)测点 |
|---|---|
| 采样速率 | 1 Hz、2 Hz、5 Hz/通道可选＋共用 AD 的四个通道可任选一通道动态采样,200 Hz、100 Hz、50 Hz、20 Hz、10 Hz 五种频率可选 |
| 应变片灵敏度系数 | 1.0～3.0 自动修正 |
| 桥路方式 | 1/4 桥(三线制自补偿)、1/4 桥(公共补偿)、半桥、全桥 |
| 适用应变片电阻值 | 1/4 桥(三线制自补偿):120 Ω 或 350 Ω(订货时确定一种) |
| | 1/4 桥(公共补偿)、半桥、全桥:60～20 000 Ω 任意设定 |
| 供桥电压 | 2 V(DC) |
| 电压量程 | ±60 mV、0～2 V 分档切换 |
| 测量应变范围 | ±60 000 $\mu\varepsilon$ |
| 最高分辨率 | 0.1 $\mu\varepsilon$ |
| 系统不确定度 | 不大于 0.5％±3 $\mu\varepsilon$ |
| 零漂 | 不大于 2 $\mu\varepsilon$/4 h(半桥状态下预热半小时)(可定制) |
| 自动平衡范围 | ±30 000 $\mu\varepsilon$ |
| 通讯方式 | 100 M 以太网接口 |
| 长导线电阻修正范围 | 0.0～100 Ω |
| 内置存储容量 | 8GB |
| 交流电源 | 交流 220 V±10％50 Hz±2％ |
| 直流供电 | 10～36V,支持车载电源供电 |
| 电池供电(选配) | 4 节/8 节可选 |
| 使用环境 | GB/T 6587—2012—Ⅱ |
| 外形尺寸 | 395×275×107 mm(长×宽×高) |
| 设备功耗 | 8CH:4.5 W;16CH:5.0 W;24CH:5.5 W |

6) 桥路的连接

桥路类型指在应变电桥中,根据不同的测试情况,接应变计的数量和方式有不同。本书介绍六种方式的产品,表4.5为应变片贴片方式及与采集箱的连接方式。

表 4.5　桥路连接

| 序号 | 说明 | 示例 | 应变片的连接 |
|---|---|---|---|
| 方式 1 （公共补偿） | 1/4 桥 （1 片工作片，1 片补偿片，使用每排的公共补偿端进行温度补偿） 适用于测量简单拉伸压缩或弯曲应变 | | |
| 方式 1 （三线制自补偿） | 1/4 桥 （三线制自补偿，一个工作片） 适用于测量简单拉伸压缩或弯曲应变（此方式下可在液晶屏和上位机软件中选择任意方式 1 的通道做补偿通道，通过软件做补偿） | | |
| 方式 2 | 半桥另补偿 （1 片工作片，1 片补偿片，对某个通道单独进行补偿） 适用于测量简单拉伸压缩或弯曲应变，环境较恶劣 | | |
| 方式 3 | 半桥自补偿 （2 片工作片） 适用于测量简单拉伸压缩或弯曲应变，环境温度变化较大 | | |

| 序号 | 说明 | 示例 | 应变片的连接 |
|---|---|---|---|
| 方式3 | | | |
| 方式4 | 半桥(2片工作片)适用于只测弯曲应变,消除了拉伸和压缩应变 | | |
| 方式5 | 全桥(4片工作片)适用于只测拉伸压缩的应变 | | |
| 方式6 | 全桥(4片工作片)适用于只测弯曲应变 | | |

注:a. 为了便于调节平衡,工作片和补偿片应尽可能选用一致,工作片和补偿片的连接导线也应相同,包括材质、尺寸和长度等。

　　b. 如果导线电阻太大,将造成测量误差,请在软件中输入导线电阻值进行修正(采用四线制供电的桥路不需要输入导线电阻)。

　　c. 补偿片应和工作片贴在相同的试件上,并保持相同的温度。避免阳光直射和空气剧烈流动造成测量温度不一致。

　　d. 补偿片和工作片对地的绝缘电阻应大于 100 MΩ,否则可能引起漂移。

　　e. 仪器应尽可能远离强磁场,尽可能用带屏蔽层的线缆连接应变片,至少也要使用双绞线。

7) 使用方法步骤及网络图

(1) 进行机号设置:进入主界面,进行机号设置,默认为 1 号机。

(2) 通道参数设置:用于设置通道参数,包含测量内容设置,应变参数设置,应力参数设置,桥路连接选择。

(3) 采样参数选择:包含连续采样、单次采样和定时采样。用于设置采样模式、采样频率和文件名称等。

(4) 进入测量:用于进入测量界面,控制采样、停止和平衡清零等。

(5) 数据查看:用于查看历史采样数据。

（6）系统设置：用于设置系统时间、查看剩余存储空间以及清理已存储的测试文件。

图 4.21 为操作步骤网络页面树。

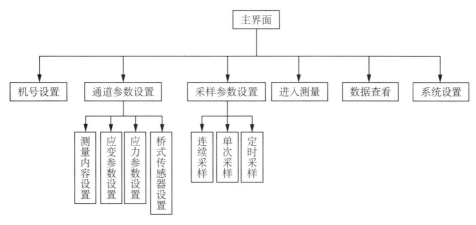

图 4.21　操作步骤网络图

8）液晶屏操作说明

（1）主界面截屏如图 4.22 所示，各部分介绍如下。

（2）机号设置：点击机号文本框，跳出键盘用于进行机号设置，不设置则默认为 1 号机。

（3）通道参数设置：用于设置通道参数。

（4）采样参数设置：用于设置采样模式、采样频率和文件名称等。

（5）进入测量：用于进入测量界面，控制采样、停止和平衡清零等。

（6）数据查看：用于查看历史采样数据。

（7）系统设置：用于设置系统时间、查看剩余存储空间以及清理已存储的测试文件。

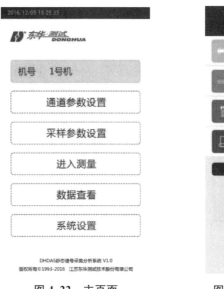

图 4.22　主页面

图 4.23　通道参数设置界面

（8）通道参数设置：点击主界面中通道参数设置，进入如图 4.23 所示界面。

① 测量内容设置。

测量内容设置步骤如图 4.24 所示。

首先设置通道打开或关闭,白色为开,灰色为关,蓝色为选中;(先选中需要设置的通道,再点击打开和关闭,当点击"全选"时,所有通道均被选中,此时再点击一次"全选"则取消所有通道的选择)当第一次进入时默认为通道全部打开,设置完已选通道的开关后,该通道将自动切换至未选中状态;已打开的通道边框变为淡蓝色,字体为黑色,已关闭的通道边框和文字变为灰色。

在已打开的通道中,选中相应的通道,再点击下方的测量类型,用于对通道的测量类型进行统一设置,也可针对单独的通道进行设置(点击一次单个通道单元即为选中,在某一单元被选中后,再点击一次则取消选中)。设置完已选通道的测量类型后,该通道将自动切换至未选中状态。

通道类型设置完成后会自动在下方的文本框中显示;第一次开机时默认所有通道均为应变测量。

保存用于保存当前参数修改并返回上一级界面,取消则不保存当前参数修改并返回上一级界面。

图 4.24  测量内容设定界面

图 4.25  应变参数设置界面

② 应变参数设置。

应变参数设置界面如图 4.25 所示,桥式传感器参数设置界面如图 4.26、图 4.27 所示。设置步骤皆如下。

每一页只显示 12 个通道,使用下一页进行页面切换,当点击下一页切换至下一通道页面时该"下一页"标识会变为"上一页"(已关闭的通道和其他测量类型的通道不在此页面显示)。

点击全选可默认选中上一页和下一页中所有的通道,再点击一次全选则取消全部选中,也可以单击通道单元进行单通道选中和取消选中。

当选择完通道后,再点击各参数设置模块,对已选中的通道进行相应的参数设置(在参数设置过程中已选中的通道一直处于被选中的状态,除非人为取消选择);每设置一个参数则对应通道下的文本框将显示刚才设置的数值或状态。

点击查看参数图标时,进入参数查看模式(此时查看参数图标将变成深蓝色),此时再点击各参数设置模块,则可在下方的文本框中显示各通道相应的参数。在参数查看模式下,再点击一次查看参数则退出参数查看模式。

保存用于保存当前参数修改并返回上一级界面,取消则不保存当前参数修改并返回上一级界面。

③ 应力参数设置。

应力参数设置操作步骤同应变参数设置方法同应变参数设置(图 4.26)。

图 4.26　应力参数设置界面　　图 4.27　桥式传感器参数设置界面

④ 桥式传感器参数设置。

桥式传感器参数设置操作步骤同应变参数设置(图 4.27)。

⑤ 各类参数输入面板。

其他各类参数输入面板界面如图 4.28—图 4.36 所示。设置方法如下:

应变和应力测量模式下有两种桥路方式选择页面,可通过"上一页""下一页"进行切换。其中无系数桥路方式下所测数值均为实际电压值,需要后期手动进行桥路系数运算;有系数桥路方式下会自动进行不同桥路方式的系数运算,所测值为实际应力应变值。

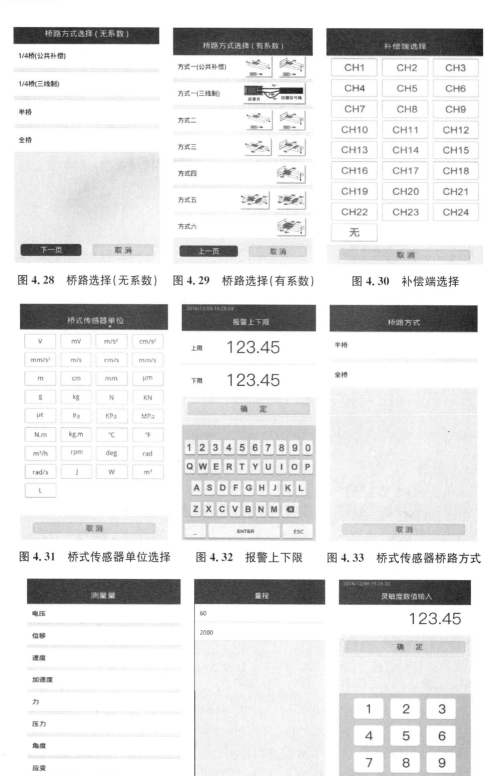

图 4.28　桥路选择(无系数)　　图 4.29　桥路选择(有系数)　　图 4.30　补偿端选择

图 4.31　桥式传感器单位选择　　图 4.32　报警上下限　　图 4.33　桥式传感器桥路方式

图 4.34　测量设置　　图 4.35　量程设置图　　图 4.36　灵敏度等数值输入

若同时设置报警上下限,则当测量值在此范围外时报警;若只设置下限,则当测量值低于下限时报警;若只设置上限,则当测量值高于上限时报警;此上下限值无量纲,与实际显示的数值相比较。

桥式传感器的桥路方式有半桥和全桥;桥式传感器的量程有 60 mV 和 2 000 mV 可选。

当选中多个通道,且每个通道参数不同时,此时进入参数输入界面,则默认显示第一个通道的数值,此时若直接点"确定"则各通道保持原有参数不变,若输入某一数值后点击"确定"则实现了所选通道参数的重新设定。

补偿通道设定可用于设置任意 1/4 桥(三线制)通道与其他 1/4 桥(三线制)通道之间做补偿(相减运算),或任意方式 1(三线制)通道与其他方式 1(三线制)通道之间做补偿(相减运算)(注:1/4 桥(三线制)与方式 1(三线制)之间不可相互补偿)。

点击取消用于直接返回上一级界面。

(9) 采样参数设置点击主界面采样参数设置,进入如图 4.37 所示界面。

详细操作介绍如下:

采样模式分为连续采样、单次采样和定时采样;采样频率可选 1 Hz、2 Hz 或 5 Hz。

定时采样模式下可设置采样间隔,定时采样次数。

测试名称模块可用于输入测试文件名称。

英文输入键盘中输入完文字后,需点击 ENTER 键才能确认并退出键盘。

保存按钮可保存当前参数修改并返回上级界面,取消则不保存当前参数修改并返回上级界面。

采样设置中文件名设置界面如图 4.37 所示。

(a) 单次采样　　　　　　　　　　(b) 连续采样

(c) 定时采样    (d) 测试采样

图 4.37　采样参数设置

点击主界面进入测量界面，针对三种不同的采样方式，如图 4.38 所示。

点击"启动"按钮，系统则开始采样（单次采样时，该状态不存储数据），列表中显示所有通道的实时测量值，并按采样频率进行数据刷新，并且在点击"启动"按钮后，采样模块中"启动"将变为"停止"，用于控制结束此次采样。

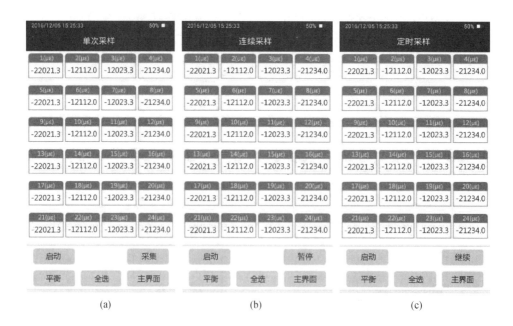

(a)　　　　　　　　　(b)　　　　　　　　　(c)

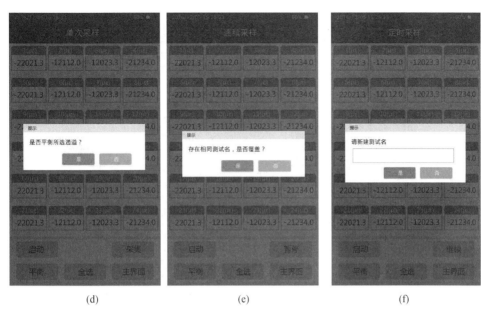

(d)　　　　　　　　　　　　(e)　　　　　　　　　　　　(f)

图 4.38　测量界面

定时采样和连续采样模式下，点击"暂停"模块则暂停采样，在点击暂停后，暂停模块中"暂停"二字将变为"继续"，用于继续此次采样。

在单次采样模式下，"采集"模块用于触发取数（单次采样中点击"启动"则进入等待触发取数状态，此时点击一次采集则记录一次数据）。

上述启动、停止、暂停、继续、触发采集等操作均是默认针对所有通道进行控制的；

点击主界面则直接返回主页面（采样过程中不可返回）。

使用全选或者单独选择通道后，再点击"平衡"，可针对已选中的通道进行平衡清零；若未选中通道，则点击平衡图标无效。

每次点击平衡后都会跳出弹窗提示，此时点击"是"则对选中的通道进行平衡并返回采样界面，点击"否"则不平衡会关闭弹窗；每次平衡后已选择的通道还保持被选中状态。

平衡后需再次点击"启动"按钮，此时才会刷新平衡结果。此时若某些通道超出平衡范围，则其平衡后显示值都将为"————"，并且字体为蓝色。

每次停止采样后再次点击"启动"时，若没有设置新的文件名，则跳出弹窗提示，此时点击"是"则覆盖之前的文件，点击"否"则跳出新建文件名的弹窗，输入新名称后点击"确认"则开始采样，若点击"取消"则返回采样界面。

若测量过程中某一通道的测量值超出或低于报警上下限则以红色字体显示。

第一次开机且仪器中没有存储任何测试文件时，若没有先新建测试名，则同样跳出弹窗，提示请新建测试名。

⑥ 数据查看操作方式如下，如图 4.39 所示。

点击数据查看进入文件列表页面，"上一页""下一页"用于换页，"返回"图标用于返回主页面（文件按采集先后顺序排列）。

(a)                          (b)

**图 4.39　数据查看**

点击某一文件则打开该文件进入数据页面,"向上查看"和"向下查看"用于翻页,"向左查看"和"向右查看"用于通道切换,每 3 个通道切换一次,"返回"图标用于返回文件列表界面;(数据查看时,未平衡的通道显示为蓝色的"————",而超出报警上下限的通道则显示为红色)。

点击文件列表右侧的"×"用于删除该文件。

**图 4.40　系统设置**

⑦ 系统设置。

年月日时分秒用于设置时间,如图 4.40 所示(不可输入正负号和非法日期,如:2 月 30 日)。

下方可显示目前的内存使用量和已存文件数(内存未满的情况下,系统最多可存 100 个文件)。

点击一键清空存储可用于清除已存储的所有采样数据。

"保存"用于保存当前参数修改并返回上一级界面,"取消"则不保存当前参数修改并返回上一级界面。

"复位"按键用于将仪器的 IP 地址等信息恢复到默认设置。

亮度调节单元可调整屏幕显示亮度。

9) 使用环境

该使用环境适用于《电子测量仪器通用规范》(GB/T 6587—2012—Ⅱ)组条件。

温度:贮存条件:－40～60℃;极限条件:－10～

50℃；工作范围：0～40℃；

湿度：工作范围：40℃（20％～90）RH；

贮存条件：50℃ 90％RH24h；

振动（非工作状态）：频率循环范围：5～55～5 Hz；驱动振幅（峰值）：0.19 mm；扫频速率：小于或等于 1 倍频程/min；在共振点上保持时间：10 min；振动方向：$x$、$y$、$z$。

## 4.1.7　电阻应变式传感器

电阻应变片不仅用于应变测量，还可以用来制成各式传感器。任一物理量（如力、位移及加速度等）只要能转变为应变变化，都可利用电阻应变片进行间接测量。这种以应变片为敏感元件，将被测量转换为电信号的器件，称为电阻应变式传感器。

用电阻应变片制成的传感器有很多，常用的有负荷传感器、变形传感器、扭矩传感器等。

### 1. 负荷传感器

电阻应变式负荷传感器有圆筒式、轮辐式等类型。

圆筒式负荷传感器的弹性元件是空心圆筒，以便于粘贴应变片，但壁厚不宜太薄，以防承压时失稳。为了消除加载时载荷偏心的影响，在圆筒中部，沿两个相互垂直的纵向对称面，于外表面粘贴四枚轴向应变片 $R_1 \sim R_4$，四枚横向应变片 $R_5 \sim R_8$。然后把对称且同一方向的应变片两两串联，组成测量电桥，如图 4.41 所示。

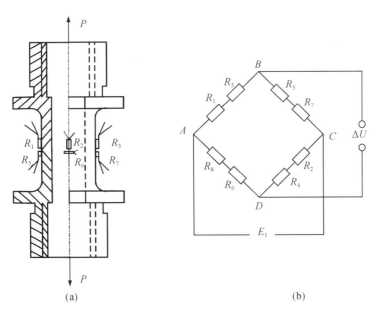

$$\text{（a）} \qquad\qquad\qquad \text{（b）}$$

**图 4.41　圆筒式负荷传感器应变片粘贴位置（a）及桥路连接（b）**

当载荷 $P$ 与圆筒轴线重合时，各应变片的应变是

$$\varepsilon_{1P} = \varepsilon_{2P} = \varepsilon_{3P} = \varepsilon_{4P} = \varepsilon_P + \varepsilon_T$$
$$\varepsilon_{5P} = \varepsilon_{6P} = \varepsilon_{7P} = \varepsilon_{8P} = -\mu\varepsilon_P + \varepsilon_T$$

$$(4.39)$$

根据应变电测原理最重要的关系式(4.23)得到应变读数如式(4.40)所示

$$\varepsilon_{ds} = 4(1+\mu)\varepsilon_P \tag{4.40}$$

式(4.40)表明,将圆周上相差180°的两个应变片串接在一个桥臂可减少作用力偏心造成的影响,组成全桥测量电路,可提高测量灵敏度。由上式求得圆筒的轴向拉应变为

$$\varepsilon_P = \frac{\varepsilon_{ds}}{4(1+\mu)} \tag{4.41}$$

如果圆筒横截面积为 $S_0$,则拉力 $P$ 与读数 $\varepsilon_{ds}$ 之间的关系式为

$$P = \sigma \cdot S_0 = E \cdot \varepsilon_P \cdot S_0 = \frac{ES_0}{4(1+\mu)}\varepsilon_{ds} \tag{4.42}$$

式(4.42)表明,拉力和应变成线性关系,但这仅仅是理论计算结果,实际使用时,每个传感器的读数应变与力的关系都要由严格的标定实验来确定。

另外常用的还有轮辐式传感器,此类型传感器可以承受拉力和压力,被广泛用于平台秤、汽车衡、轨道衡、拉力试验机等计量场合。图4.42为安徽艾洛斯电测仪器有限公司生产的ALF-PTFT型-轮辐式负荷传感器,接桥方式如图4.43所示。

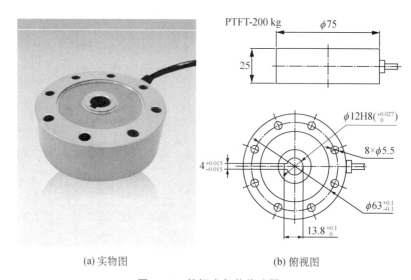

(a) 实物图 (b) 俯视图

图 4.42 轮辐式负荷传感器

2. 变形传感器(位移传感器、引伸仪)

电阻应变式变形传感器有单悬臂梁式、双悬臂梁式等类型,以双悬臂梁式变形传感器居多。双悬臂梁式变形传感器由固接在一起的两根悬臂梁组成,粘贴应变片的横截面应靠近固定端,以获得较大的应变。但考虑到固定端产生的局部影响,也应保持适当的距离。传感器形状、桥接方式和安装位置如图4.44所示。

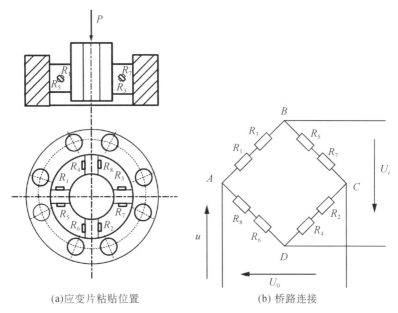

(a)应变片粘贴位置　　　　　　　　(b) 桥路连接

**图 4.43　轮辐式负荷传感器**

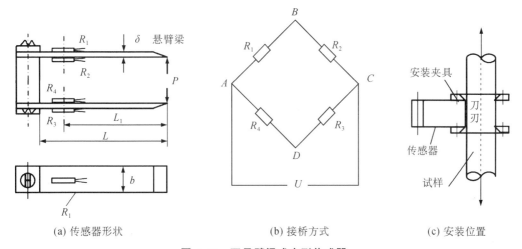

(a) 传感器形状　　　　　　(b) 接桥方式　　　　　　(c) 安装位置

**图 4.44　双悬臂梁式变形传感器**

对传感器的一根悬臂梁来说,当自由端受集中载荷 $P$ 时作用时,端点挠度为

$$v = \frac{PL^3}{3EI} = \frac{4PL^3}{Eb\delta^3} \tag{4.43}$$

式中　$L$ ——悬臂梁的跨度;

　　　$b$ 与 $\delta$ ——横截面的宽与厚。

在粘贴应变片处梁表面的应变为

$$\varepsilon = \frac{\sigma}{E} = \frac{M}{EW} = \frac{6PL_1}{Eb\delta^2} \tag{4.44}$$

式中,$L_1$ 为贴片截面到自由端的距离。

以上两式消去 $P$,得

$$v=\frac{2L^3}{3\delta L_1}\varepsilon \tag{4.45}$$

将四枚应变片按全桥接线后可以得到应变读数为

$$\varepsilon_{ds}=\varepsilon_1-\varepsilon_2+\varepsilon_3-\varepsilon_4$$
$$\varepsilon_{ds}=(\varepsilon_+\varepsilon_t)-(-\varepsilon_+\varepsilon_t)+(\varepsilon_+\varepsilon_t)-(-\varepsilon_+\varepsilon_t) \tag{4.46}$$
$$\varepsilon_{ds}=4\varepsilon$$

如果把变形传感器安装于试样上,那么在传感器两刀刃间,试样的伸长量等于两刀刃的相对位移,即

$$\Delta l=2v=2\cdot\frac{2L^3}{3\delta L_1}\varepsilon=\frac{L^3}{3\delta L_1}\varepsilon_{ds} \tag{4.47}$$

将式(4.47)中的常数记为 $\eta$,即

$$\eta=\frac{L^3}{3\delta L_1} \tag{4.48}$$
$$\Delta l=\eta\varepsilon_{ds}$$

由于悬臂梁的尺寸及贴片位置等难免存在误差,实际上是用标准位移计和电阻应变仪对传感器进行标定,以确定系数 $\eta$。实测时,只要读出应变读数,便可求得试样的伸长量。

3. 扭矩传感器

电阻应变式扭矩传感器也是目前常用的一种传感器,如图 4.45 所示,扭矩传感器的弹性元件有圆轴式、多杆式等形式。圆轴式弹性元件又分实心圆轴和空心圆轴。

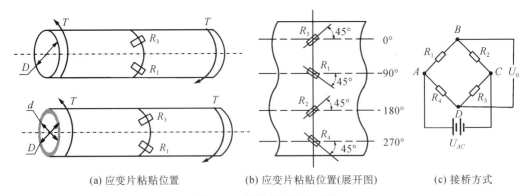

(a) 应变片粘贴位置　　　(b) 应变片粘贴位置(展开图)　　　(c) 接桥方式

图 4.45　圆轴式扭矩传感器

在扭矩 $T$ 作用下,圆轴表面为纯剪应力状态,其表面切应力为

$$\tau=\frac{T}{W_T} \tag{4.49}$$

空心截面和实心截面的截面系数分别为

$$W_T = \frac{\pi D^3}{16} \left[ 1 - \left( \frac{d}{D} \right)^4 \right] \text{和} \ W_T = \frac{\pi D^3}{16} \tag{4.50}$$

式中，$W_T$ 为抗扭截面系数。

与轴线成 45° 方向上的主应力则为

$$\sigma_1 = -\sigma_3 = \tau = \frac{T}{W_T} \tag{4.51}$$

在圆轴的中间截面，每间隔 90° 粘贴一片与轴线成 45° 方向的电阻应变片，共计 4 片，并组成全桥测量电路，则四桥臂应变片感受的应变为

$$\varepsilon_1 = \varepsilon_4 = \frac{1}{E} (\sigma_1 - \mu \sigma_3) = \frac{1+\mu}{EW_T} T$$
$$\varepsilon_2 = \varepsilon_3 = -\frac{1+\mu}{EW_T} T \tag{4.52}$$

根据应变电测原理最重要的关系式得到应变读数

$$\varepsilon_{ds} = 4 \frac{1+\mu}{EW_T} T = \frac{2}{GW_T} T$$
$$T = \frac{GW_T}{2} \varepsilon_{ds} \tag{4.53}$$

对于实际受扭矩的轴，在应变片粘贴截面上还可能存在弯矩或轴力等内力，但图 4.45 的布片和组桥方式，可以消除这些内力分量对扭矩的影响。

### 4.1.8　电测法应用

在结构的强度分析中，得到构件的应力和应变的分布规律是非常重要的。在应力应变测量中，关键环节是如何确定应变片粘贴位置、方向和应变换算成应力。根据不同构件待测应力不同，应力应变测量主要分为如下几种情况。

#### 1. 单向应力测量

构件在外力作用下，如果测点为单向应力状态（如拉伸），且主应力方向已知。则只需要在待测点沿主应力方向粘贴一个应变片（图 4.46）。测得相应应变，再由单向应力状态下的胡克定律求得该方向的主应力，如式 (4.54) 所示。

$$\sigma = E\varepsilon \tag{4.54}$$

式中，$E$ 为被测构件的弹性模量。

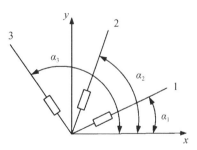

图 4.46　三个应变片测量一点处主应力

**2. 二向应力测量**

如果试样待测点为主应力未知的二向应力状态。为了确定该点的主应力和主方向，可以通过测量该点处任意三个方向的线应变，从而得到主应变、主应力和主方向。测量的原理和方法如下：在该点建立参考坐标系 $xOy$，如图 4.46 所示。沿与坐标轴 $x$ 夹角分别为 $\alpha_1$、$\alpha_2$ 和 $\alpha_3$ 的三个方向上，各粘贴一枚应变片，分别测出这三个方向上的应变 $\varepsilon_{a1}$、$\varepsilon_{a2}$ 和 $\varepsilon_{a3}$，根据应力状态分析公式可得

$$\varepsilon_a = \frac{\varepsilon_x + \varepsilon_y}{2} + \frac{\varepsilon_x - \varepsilon_y}{2}\cos 2\alpha - \frac{\gamma_{xy}}{2}\sin 2\alpha \tag{4.55}$$

式中，$\varepsilon_x$、$\varepsilon_y$ 和 $\varepsilon_a$ 伸长时为正，$\gamma_{xy}$ 以直角增大时为正，可得

$$\varepsilon_{a1} = \frac{\varepsilon_x + \varepsilon_y}{2} + \frac{\varepsilon_x - \varepsilon_y}{2}\cos 2\alpha_1 - \frac{\gamma_{xy}}{2}\sin 2\alpha_1$$

$$\varepsilon_{a2} = \frac{\varepsilon_x + \varepsilon_y}{2} + \frac{\varepsilon_x - \varepsilon_y}{2}\cos 2\alpha_2 - \frac{\gamma_{xy}}{2}\sin 2\alpha_2 \tag{4.56}$$

$$\varepsilon_{a3} = \frac{\varepsilon_x + \varepsilon_y}{2} + \frac{\varepsilon_x - \varepsilon_y}{2}\cos 2\alpha_3 - \frac{\gamma_{xy}}{2}\sin 2\alpha_3$$

由式(4.56)可以求得式子中的 $\varepsilon_x$、$\varepsilon_y$ 和 $\gamma_{xy}$。

则其主应变 $\varepsilon_1$、$\varepsilon_2$ 以及主方向 $\alpha_0$（与 $x$ 轴的夹角），可由式(4.57)求出。

$$\begin{matrix}\varepsilon_1\\\varepsilon_2\end{matrix} = \frac{\varepsilon_x + \varepsilon_y}{2} \pm \frac{1}{2}\sqrt{(\varepsilon_x - \varepsilon_y)^2 + \gamma_{xy}^2}$$

$$\tan 2\alpha_0 = -\frac{\gamma_{xy}}{\varepsilon_x - \varepsilon_y} \tag{4.57}$$

根据广义胡克定律，该点的主应力可由式(4.58)求出。

$$\begin{matrix}\sigma_1\\\sigma_2\end{matrix} = \frac{E}{2}\left[\frac{\varepsilon_x + \varepsilon_y}{1-\mu} \pm \frac{1}{1+\mu}\sqrt{(\varepsilon_x - \varepsilon_y)^2 + \gamma_{xy}^2}\right] \tag{4.58}$$

理论上，可以任意选定三个应变片的粘贴位置，实际操作时，为了便于计算，常采用特殊角度，如 $0°$、$45°$、$60°$、$90°$ 和 $120°$，并且把几个敏感栅按照一定夹角排列制作在同一个基底上，成为应变花（图 4.2 所示）。对不同的应变花，均可以测量出应变，根据式(4.57)和式(4.58)计算出被测点的主应变、主应力和主方向，详情见表 4.6。

表 4.6　不同应变花及其应力应变计算公式

| 应变花 | 应变计算公式 | 应力计算公式 |
|---|---|---|
| 三轴 45°<br>$\varepsilon_{90°}$　$\varepsilon_{45°}$　$\varepsilon_{0°}$ | $\varepsilon_x = \varepsilon_{0°}$　$\varepsilon_y = \varepsilon_{90°}$<br>$\gamma_{xy} = (\varepsilon_{0°} - \varepsilon_{45°}) - (\varepsilon_{45°} - \varepsilon_{90°})$<br>主应变及其主方向:<br>$\begin{aligned}\varepsilon_1 \\ \varepsilon_2\end{aligned} = \dfrac{\varepsilon_{0°} + \varepsilon_{90°}}{2} \pm \dfrac{1}{\sqrt{2}}\sqrt{(\varepsilon_{0°} - \varepsilon_{45°})^2 + (\varepsilon_{45°} - \varepsilon_{90°})^2}$<br>$\tan 2\alpha_0 = \dfrac{(\varepsilon_{45°} - \varepsilon_{90°}) - (\varepsilon_{0°} - \varepsilon_{45°})}{(\varepsilon_{45°} - \varepsilon_{90°}) + (\varepsilon_{0°} - \varepsilon_{45°})}$ | 主应力:<br>$\begin{aligned}\sigma_1 \\ \sigma_2\end{aligned} = \dfrac{E}{1-\mu^2}\left\{ \dfrac{1+\mu}{2}(\varepsilon_{0°} + \varepsilon_{90°}) \pm \dfrac{1-\mu}{\sqrt{2}}\sqrt{(\varepsilon_{0°} - \varepsilon_{45°})^2 + (\varepsilon_{45°} - \varepsilon_{90°})^2} \right\}$ |
| 三轴 60°<br>$\varepsilon_{0°}$　$\varepsilon_{60°}$　$\varepsilon_{120°}$ | $\varepsilon_x = \varepsilon_{0°}$　$\varepsilon_y = \dfrac{2}{\sqrt{3}}(\varepsilon_{120°} - \varepsilon_{60°})$<br>$\gamma_{xy} = \dfrac{1}{3}\left[2(\varepsilon_{60°} + \varepsilon_{120°}) - \varepsilon_{0°}\right]$<br>主应变及其主方向:<br>$\begin{aligned}\varepsilon_1 \\ \varepsilon_2\end{aligned} = \dfrac{\varepsilon_{0°} + \varepsilon_{60°} + \varepsilon_{120°}}{3}$<br>$\pm \dfrac{\sqrt{2}}{3}\sqrt{(\varepsilon_{0°} - \varepsilon_{60°})^2 + (\varepsilon_{60°} - \varepsilon_{120°})^2 + (\varepsilon_{120°} - \varepsilon_{0°})^2}$<br>$\tan 2\alpha_0 = \sqrt{3}\,\dfrac{\varepsilon_{60°} - \varepsilon_{120°}}{(\varepsilon_{0°} - \varepsilon_{120°}) + (\varepsilon_{0°} - \varepsilon_{60°})}$ | 主应力:<br>$\begin{aligned}\sigma_1 \\ \sigma_2\end{aligned} = \dfrac{E}{1-\mu^2}\left\{ \dfrac{1+\mu}{3}(\varepsilon_{0°} + \varepsilon_{60°} + \varepsilon_{120°}) \pm \right.$<br>$\left. \dfrac{\sqrt{2}(1-\mu)}{3}\sqrt{(\varepsilon_{0°} - \varepsilon_{60°})^2 + (\varepsilon_{60°} - \varepsilon_{120°})^2 + (\varepsilon_{120°} - \varepsilon_{0°})^2} \right\}$ |

（续表）

| 应变花 | 应变计算公式 | 应力计算公式 |
|---|---|---|
| 四轴 45°<br> | $\varepsilon_x = \varepsilon_{0°}$ $\quad \varepsilon_y = \varepsilon_{90°}$ $\quad \gamma_{xy} = (\varepsilon_{135°} - \varepsilon_{45°})$<br>主应变及其主方向：<br>$\left.\begin{matrix}\varepsilon_1\\\varepsilon_2\end{matrix}\right\} = \dfrac{\varepsilon_{0°}+\varepsilon_{90°}}{2} \pm \dfrac{1}{2}\sqrt{(\varepsilon_{0°}-\varepsilon_{90°})^2+(\varepsilon_{45°}-\varepsilon_{135°})^2}$<br>$\tan 2\alpha_0 = \dfrac{\varepsilon_{45°}-\varepsilon_{135°}}{\varepsilon_{0°}-\varepsilon_{90°}}$<br>校核：<br>$\varepsilon_{0°}+\varepsilon_{90°} = \varepsilon_{45°}+\varepsilon_{135°}$ | 主应力：<br>$\left.\begin{matrix}\sigma_1\\\sigma_2\end{matrix}\right\} = \dfrac{E}{1-\mu^2}\left\{\dfrac{1+\mu}{2}(\varepsilon_{0°}+\varepsilon_{90°}) \pm \dfrac{(1-\mu)}{2}\sqrt{(\varepsilon_{0°}-\varepsilon_{90°})^2+(\varepsilon_{45°}-\varepsilon_{135°})^2}\right\}$ |
| 四轴 60°～90°<br> | $\varepsilon_x = \varepsilon_{0°}$ $\quad \varepsilon_y = \varepsilon_{90°}$ $\quad \gamma_{xy} = \dfrac{2}{\sqrt{3}}(\varepsilon_{120°} - \varepsilon_{60°})$<br>主应变：<br>$\left.\begin{matrix}\varepsilon_1\\\varepsilon_2\end{matrix}\right\} = \dfrac{\varepsilon_{0°}+\varepsilon_{90°}}{2} \pm \dfrac{1}{2}\sqrt{(\varepsilon_{0°}-\varepsilon_{90°})^2+\dfrac{4}{3}(\varepsilon_{60°}-\varepsilon_{120°})^2}$<br>$\tan 2\alpha_0 = \dfrac{2}{\sqrt{3}}\dfrac{(\varepsilon_{60°}-\varepsilon_{120°})}{(\varepsilon_{0°}-\varepsilon_{90°})}$<br>校核：<br>$\varepsilon_{0°}+3\varepsilon_{90°} = 2(\varepsilon_{60°}+\varepsilon_{120°})$ | 主应力：<br>$\left.\begin{matrix}\sigma_1\\\sigma_2\end{matrix}\right\} = \dfrac{E}{1-\mu^2}\left\{\dfrac{1+\mu}{2}(\varepsilon_{0°}+\varepsilon_{90°}) \pm \dfrac{(1-\mu)}{2}\sqrt{(\varepsilon_{0°}-\varepsilon_{90°})^2+\dfrac{4}{3}(\varepsilon_{60°}-\varepsilon_{120°})^2}\right\}$ |

## 4.1.9　电阻应变片选择和粘贴使用方法

**1. 电阻应变片的选择**

结构应力应变测量时,应选择电阻应变片的品种和规格:一般按结构材料的性能和热膨胀系数选择对应的温度自补偿应变片,如低碳钢结构选用对应热膨胀系数为 $11 \times 10^{-6}℃^{-1}$ 的温度自补偿应变片。按结构应力分布的情况,如应力集中区选用小栅长的箔式应变片,如 0.2～1 mm、1～2 mm;应力分布均匀的钢结构,选用栅长 5～10 mm 的箔式应变片。混凝土结构选用大栅长的丝式或箔式应变片,按混凝土石子直径 4 倍以上选用 50 mm、100 mm、200 mm 栅长的应变片。

对于结构杆件处于单向应力状态的情况选用单栅电阻应变片;结构处于平面应力状态的部位,如主应力方向已知的选用 0°/90°直角双栅电阻应变花,如主应力方向未知则选用 0°/45°/90°或等角 0°/60°/120°三栅电阻应变花。

选用应变片电阻一般有 120 Ω 和 350 Ω 两种,高电阻 350 Ω 应变片较好,在相同供桥电压作用下其发热量小很多,还能减少导线电阻及其随温度变化的影响,可大大提高信噪比。

当结构处于较高环境温度,比如 100℃,则应选用工作温度约 100℃～120℃的电阻应变片及相应的粘接剂,一般常温应变片工作温度为 80℃以下。

一般电阻应变片的特性参数在其型号中表示,如国产的电阻应变片,按国家标准规定,其型号由汉语拼音字母和数字组成,共有七项:第一项字母表示应变片类别;第二项字母表示应变片基底材料种类;第三项数字表示应变片标称电阻值;第四项数字表示应变片栅长,栅长小于 1 mm 时,小数点省略,如 0.2 mm 表示为 02;第五项由两个字母组成,表示应变片的结构形状;第六项数字表示应变片的极限工作温度,对于常温应变片此项可以省略;第七项括号内的数字,表示温度自补偿应变片的适用试件材料的线膨胀系数,对于非温度自补偿应变片则省略此项。

例如:BA120-3CD150(16)为三轴、箔式温度自补偿聚酰亚胺基底应变片,电阻值 120 Ω,栅长 3 mm,工作温度 150℃,适用于线膨胀系数为 $16 \times 10^{-6}℃^{-1}$ 的试件材料。

**2. 电阻应变片粘贴使用技术**

1)常温电阻应变片的粘贴使用技术

可用多种粘结剂对应变片进行粘结,主要有快干胶和室温固化双组份胶两种,其中快干胶应用最广泛。快干胶属于氰基丙烯酸酯类,它固化快速,使用方便,常用于有金属等结构应力分析的场合。另外,室温固化双组份胶例如环氧树脂与固化剂(双组份)混合后可在几个小时在内室温下固化,常用于混凝土材料结构的应变测量。

2)粘贴安装技术的主要步骤

(1)实验表面的准备;

(2)电阻应变片的准备;

扫码观看:
应变片粘贴
视频

（3）涂粘接剂；

（4）夹紧和固化；

（5）导线连接和检查；

（6）涂防护涂层；

（7）粘接质量检查。

3）粘贴安装用各种器材工具

主要有：粘结剂、待测试件、电阻应变片、清洗溶剂、脱脂棉或布、防潮剂、砂纸、划线笔、钢尺板、尖镊子、接线端子、导线、电烙铁、焊锡丝、松香、数字万用表等（图4.47）。

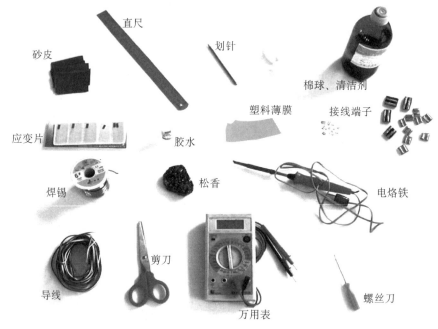

图 4.47　粘贴安装用各种器材工具

4）实验表面的准备

（1）试件表面打磨。结构试件表面如有油污（如漆层、机油等），应用去油剂（如甲苯、丙酮）除去油污；如有铁锈应用砂纸打磨到光亮。粘贴应变片的表面要求平滑而无光泽，用砂纸在试件上转圈打磨，如图4.48（a）所示。

（2）划出定位标记线。为了使应变片精确对中，在试件表面上划出两条十字交叉线，如图4.48（b）所示。划线要求不在表面上产生毛刺，可用4H铅笔或无油圆珠笔芯划线。

（3）清洁试件表面。用脱脂棉球或布沾清洗溶剂（一般用丙酮）单方向擦洗试件待粘贴应变片部位的表面，直到棉球保持洁白为止，如图4.48（c）所示。表面准备和粘贴之间允许较短的时间间隔，钢材一般不超过45 min，时间过长会引起表面氧化。

5）电阻应变片的准备

一般在粘贴前，用数字万用表对电阻应变片逐个检查电阻值，用干净圆头镊子夹住应变片的引线部位，不得碰及箔栅和基底。

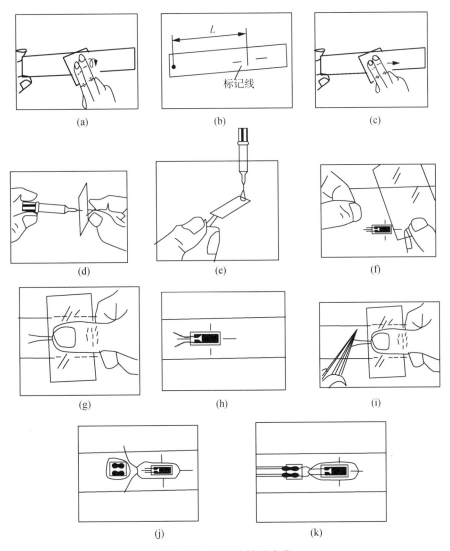

图 4.48　应变片粘贴步骤

6) 电阻应变片的粘贴

准备粘结剂,新打开一瓶快干胶时应按图 4.48(d)所示,在针与快干胶瓶口之间隔一张纸,预防针刺通瓶口时胶液飞溅出来。在没有箔栅的基底里面涂粘结剂,如图 4.48(e)所示。左手抓住应变片引线,基底向上,右手轻按胶瓶,流出少量胶液涂在基底上。将应变片对准试件表面标记线,右手拿一张塑料薄膜放在应变片上,如图 4.48(f)所示。用拇指轻按住薄膜并保持 1 min,如图 4.48(g)所示。粘结剂固化后轻揭起薄膜,应变片基底四周都有胶液挤出,如图 4.48(h)所示,这样表示粘结状态良好。将薄膜垫在应变片上用拇指按住,用镊子将引线轻轻提起,如图 4.48(i)所示,准备焊接导线。

7) 导线焊接

在应变片基底附近 5 mm 处用快干胶粘贴一对接线端子,如图 4.48(j)所示。粘贴方法与应变片不同,在试件表面上涂少量胶液,用镊子夹接线端子放在试件涂胶位置上,用镊子按压端子 1 min，端子即固定不动。

用电烙铁将应变片引线焊接在接线端子一侧（提前在接线端子上挂锡），把多余的引线头剪去。

将导线一端剥去塑料皮约 3 mm 长，另一端剥去塑料皮约 10 mm 长，露出多股铜线挂锡。将导线短的一端用电烙铁焊在接线端子上，如图 4.48(k)所示。

用数字万用表通过导线另一端测量电阻应变片的电阻值，应该与原应变片电阻值 120 Ω 或 350 Ω 接近。相差 0.3 Ω 之内，说明已经焊接好。

8）检查电阻应变片

用数字万用表检测应变片一根导线与试件之间的绝缘电阻，要求最好 500 MΩ 以上，一般也应该在 100 MΩ 以上。

9）电阻应变片的防护

在一般气候条件下，粘贴后的电阻应变片应做防潮处理。因为常用应变片和粘结剂会吸收空气中的水分，尤其在室外工作时会吸收露水或雨水等，受潮后应变片和粘结剂的绝缘电阻和粘接强度下降，从而影响应变片的工作特性。

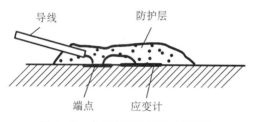

图 4.49 电阻应变片的防护示意图

常温工作环境下短期防护用石蜡，将石蜡置于烧杯中加热熔化并煮沸，使其中所含水分挥发干净，然后冷却至 40～50℃，涂在事先用灯加热到 40～50℃ 的试件粘贴应变片的部位（包括应变片表面、引线、接线端子与导线连接处），涂层厚度略超过直径，确保防护层严密无缝隙。如需长期防潮，可以用环氧树脂加固剂配成常温下使用的防潮剂等，如图 4.49 所示。

## 4.2 电测法测量金属材料弹性模量和泊松比

### 4.2.1 实验目的

（1）用电测法测量低碳钢的弹性模量 $E$ 和泊松比 $\mu$。
（2）在线弹性范围内验证胡克定律。

### 4.2.2 实验设备

扫码观看：
电测法测量
弹性模量和
泊松比实验
装置

（1）电子万能试验机；
（2）DH3818-2 型静态应变仪；
（3）电子数显卡尺。

### 4.2.3 实验原理

材料在比例极限范围内，正应力 $\sigma$ 和线应变 $\varepsilon$ 呈线性关系，即 $\sigma = E\varepsilon$。因此，弹性模

量可以求得

$$E = \frac{\sigma}{\varepsilon} \tag{4.59}$$

设试件的初始横截面积为 $A_0$，在轴向拉力 $F$ 作用下，横截面正应力为 $\sigma = F/A_0$，故弹性模量为

$$E = \frac{F}{A_0 \varepsilon} \tag{4.60}$$

受拉试件轴向伸长，必然引起横向收缩。设轴向应变为 $\varepsilon$，横向应变为 $\varepsilon'$。试验表明，在线弹性范围内，二者之比为一常数。该常数称为横向变形系数或泊松比，用 $\mu$ 表示

$$\mu = \frac{\varepsilon'}{\varepsilon} \tag{4.61}$$

轴向应变 $\varepsilon$ 和横向应变 $\varepsilon'$ 的测试方法如图 4.50 所示。在板试件中央前后的两面沿着试件轴线方向粘贴应变片 $R_1$ 和 $R_1'$，沿着试件横向粘贴应变片 $R_2$ 和 $R_2'$。

为了消除试件初曲率和加载可能存在偏心引起的弯曲影响，采用全桥接线法。把两片轴向（或垂直于轴向的）工作片和温度补偿片按照图 4.50(b)或(c)的接法接入应变仪的 $A$、$B$、$C$、$D$ 接线柱中，然后给试件缓慢加载通过电阻应变仪测量轴向应变 $\varepsilon$ 和横向应变 $\varepsilon'$。由于应变仪所显示的应变是两枚应变片之和，所以试件的轴向应变和横向应变是每台应变仪应变值读数的一半，即

$$\varepsilon = \frac{1}{2}\varepsilon_r, \ \varepsilon' = \frac{1}{2}\varepsilon_r' \tag{4.62}$$

式中　$\varepsilon$ ——待测轴向应变；

　　　$\varepsilon'$ ——待测横向应变；

　　　$\varepsilon_r$ ——应变仪读出的轴向应变；

　　　$\varepsilon_r'$ ——应变仪读出的横向应变。

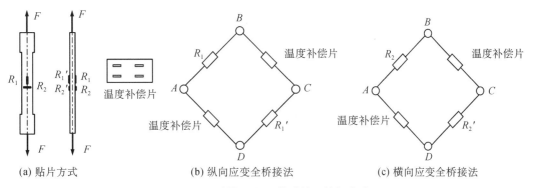

(a) 贴片方式　　　(b) 纵向应变全桥接法　　　(c) 横向应变全桥接法

图 4.50　测量 $E$ 和 $\mu$ 的贴片及接桥方式

实验时，为了验证胡克定律，采用等量逐级加载法，分别测量在相同荷载增量 $\Delta F$ 作用下的轴向应变增量 $\Delta \varepsilon$ 和横向应变增量 $\Delta \varepsilon'$，并求出 $\Delta \varepsilon$ 的平均值。若各级应变增量相

同,就可以验证胡克定律。根据记录的各项数据,每级相减,得到各级增量的差值(从这些差值可以看出力与应变的线性关系),然后计算这些差值的算数平均值 $\Delta F_均$、$\Delta\varepsilon_均$ 和 $\Delta\varepsilon'_均$,得到

$$E = \frac{\Delta F_均}{A_0 \Delta\varepsilon_均}, \quad \mu = \left| \frac{\Delta\varepsilon'_均}{\Delta\varepsilon_均} \right| \tag{4.63}$$

### 4.2.4 实验方法与步骤

(1) 在试件两面沿轴向和横向各贴一片电阻应变片,测量试件的尺寸,继而安装在电子万能试验机上。

(2) 采用全桥连接,将相应待测电阻和温度补偿片接在 DH3818-2 型静态应变仪上。

(3) 打开静态电阻应变仪电源,设置好灵敏系数,零荷载时电桥调平衡。

设置灵敏系数:在静态电阻应变仪上的操作面板上,依次按 0、确认、设置,设输入灵敏系数后确认。

零荷载时电桥调平衡:依次按 0、确认、平衡,使各测点的电桥平衡,即所有通道平衡为零。

(4) 打开电子万能试验机操作软件,设计好加载方案。取材料屈服点的 70%～80% 为试件允许达到的最大应变值和所需的最大载荷值。对试件预加初荷载 2 kN,用以清除连接间隙等初始因素的影响,根据初荷载和最大荷载值以及其间至少应有 5 级加载的原则,确定每级荷载的大小,分级递增 2 kN。实验测试荷载从 3 kN 开始,依次增加到 13 kN,然后进行实验。

(5) 记录下每级加载后载荷值以及两个应变仪读数 $\varepsilon_r$ 和 $\varepsilon'_r$,之后逐级加载,并记录相应的应变 $\varepsilon_r$ 和 $\varepsilon'_r$,实验进行三次,求平均值作为最终结果。

(6) 数据测量完毕后,卸载,取下试件,关闭电子万能试验机和静态电阻应变仪电源,清理现场。

### 4.2.5 实验分析与讨论

(1) 试用半桥连接方式测试,比较半桥和全桥连接方式的优劣。

(2) 思考如何用电测法测量复合材料的弹性模量?

## 4.3 剪切弹性模量 $G$ 的测定

### 4.3.1 实验目的

(1) 理解电测法基本原理,掌握应变仪的使用方法。

(2) 用电测法测量低碳钢的剪切弹性模量 $G$。

(3) 在线弹性范围内验证胡克定律。

### 4.3.2　实验设备

（1）弯扭组合实验装置（图 4.51）；

（2）DH3818Y 静态应力应变测试仪。

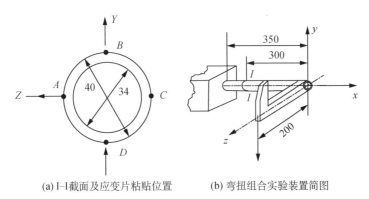

(a) I-I截面及应变片粘贴位置　　(b) 弯扭组合实验装置简图

**图 4.51　弯扭组合实验装置及贴片位置**

### 4.3.3　实验原理

电阻应变片可测定线应变，而不能直接测得剪应变，但通过理论推导，线应变可以转换成剪应变。在圆管一截面的上、下、左、右四个位置各贴一枚±45°的应变花，使其中 0°应变片沿轴线方向，用左、右两个位置贴的±45°应变花（图 4.52），按照半桥连接接入应变仪，可以测得扭矩 $T$ 引起的剪应变 $\gamma = \varepsilon_{ds}$，其中 $\varepsilon_{ds}$ 为应变仪读数。

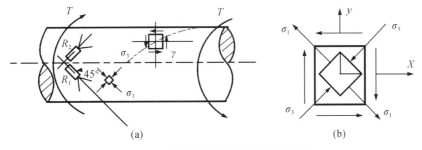

**图 4.52　测点分布及应力状态示意图**

材料扭转时，剪应力与剪应变成线性比例关系范围内剪应力 $\tau$ 与剪应变 $\gamma$ 之比称剪切弹性模量或切变模量，以 $G$ 表示即

$$G = \frac{\tau}{\gamma} \tag{4.64}$$

由于 $\tau = \dfrac{T}{W_p}$，这里 $T = pa$ 为扭矩，$W_p = \dfrac{\pi D^3}{16}\left[1 - \left(\dfrac{d}{D}\right)^4\right]$ 是圆轴抗扭截面系数，于是式（4.64）可以写成

$$\gamma = \frac{T}{GW_p} \tag{4.65}$$

$\tau$ 和 $\gamma$ 均可由实验测定,根据式(4.65)可以测试出 $G$,其方法如下。

在扭转引起的纯剪切应力状态中[图 4.52(b)],主应力 $\sigma_1$ 和 $\sigma_3$ 的方向与轴的夹角分别为 $-45°$ 和 $+45°$,且 $\sigma_1 = -\sigma_3 = \tau$,所以,沿 $\sigma_1$ 和 $\sigma_3$ 方向的主应变 $\varepsilon_1$ 和 $\varepsilon_3$ 数值相等、符号相反。主应变的计算公式如式(4.65)所示。

$$\begin{matrix}\varepsilon_1 \\ \varepsilon_3\end{matrix} = \frac{\varepsilon_x + \varepsilon_y}{2} \pm \sqrt{\left(\frac{\varepsilon_x - \varepsilon_y}{2}\right)^2 + \left(\frac{\gamma_{xy}}{2}\right)^2} \qquad (4.66)$$

对于纯剪切 $\varepsilon_x = \varepsilon_y = 0$,$\gamma_{xy} = \gamma$,于是由式(4.66)可得

$$\gamma = 2\varepsilon_1 \qquad (4.67)$$

应变片 $R_1$ 和 $R_2$ 沿着与轴线成 $-45°$ 和 $+45°$ 的方向粘贴,它们的方向也是主应变 $\varepsilon_1$ 和 $\varepsilon_3$ 的方向,把应变片 $R_1$ 和 $R_2$ 组成半桥测量电路,则有 $\varepsilon_{-45°} = \varepsilon_1$,$\varepsilon_{45°} = -\varepsilon_1$,于是应变仪的读数为

$$\varepsilon_{ds} = \varepsilon_{-45°} - \varepsilon_{45°} = 2\varepsilon_1 \qquad (4.68)$$

由式(4.67)和式(4.68)可得

$$\varepsilon_{ds} = \gamma \qquad (4.69)$$

即应变仪的读数即为剪应变。

估算出比例极限内扭矩最高允许值 $T_n$ 和初始扭矩 $T_0$,从 $T_0$ 到 $T_n$ 把荷载分成 $n$ 个等级,每级扭矩增量为

$$\Delta T = \frac{T_n - T_0}{n} \qquad (4.70)$$

随后,在加载过程中,测出每一组扭矩 $T_i$ 对应的 $\gamma_i$(即应变仪读数 $\varepsilon_{ds}$)。重复实验三次,将每组数据拟合为直线,该直线的斜率为

$$m = \frac{\sum T_i \sum \gamma_i - n \sum T_i \gamma_i}{\left(\sum T_i\right)^2 - n \sum T_i^2} \qquad (4.71)$$

取三次计算斜率的平均值,记作 $\bar{m} = \dfrac{1}{GW_p}$,由式(4.65)可知

$$G = \frac{\left(\sum T_i\right)^2 - n \sum T_i^2}{\sum T_i \sum \gamma_i - n \sum T_i \gamma_i} \frac{1}{W_p} \qquad (4.72)$$

本实验在弯扭组合实验装置上进行。加载采用分级增量法,每级增加 20 N,共加至 100 N。加载过程中,对每一扭矩 $T_i$ 都可以测出对应的 $\gamma_i$(即应变仪读数 $\varepsilon_{ds}$),重复实验三次,选择一组数据 $T_i$、$\gamma_i$,计算出应变仪读数的平均值,可用式(4.72)计算出剪切模量 $G$。

### 4.3.4　实验方法与步骤

（1）设计数据表格。

（2）测量（或记录）试件尺寸，计算 $W_p$。

（3）连接桥路。

（4）打开弯扭组合实验装置和静态应变仪，设置好灵敏系数，具体操作方法如下：

在静态电阻应变仪触屏面板处依次点击：①通道参数设置，选中所需通道号，选择测试应变，选择接桥方式为半连接，输入和确定灵敏系数，点击保存；②点击采样设置，选中连续采样，设置采样频率，输入用户名，按 Enter 确认，点击保存；③点击进入测试；荷载为零时调节电桥平衡，点击全选，平衡所有通道为零，而后点击启动，应变仪开始采集数据，而后加载。

（5）零荷载时应变仪调零，逆时针旋转加载手轮，分级加载 20 N，40 N，60 N，80 N 和 100 N，记录各级荷载下应变值。

（6）数据检察，卸载，关闭电源，整理设备。

### 4.3.5　实验分析与讨论

（1）如果采用全桥连接，结果如何？试比较半桥连接和全桥连接的优劣。

（2）试样的形状和尺寸对测量剪切弹性模量有无影响？

（3）试设计出其他测量剪切弹性模量的实验方案。

## 4.4　弯曲正应力实验

### 4.4.1　实验目的

（1）测定纯弯曲梁在矩形横截面上的正应力大小及分布规律。

（2）验证纯弯曲梁横截面上正应力计算公式，并与理论值比较。

（3）熟悉应变电测原理，学会静态电阻应变仪的使用。

### 4.4.2　实验设备

（1）纯弯曲梁实验装置一套（图 4.53）。

（2）DH3818Y 静态应力应变测试仪。

### 4.4.3　实验原理

弯曲梁实验装置如图 4.53 所示。它由弯曲梁、

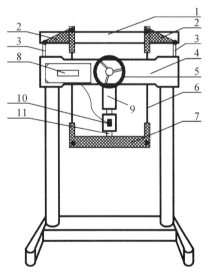

1—钢梁；2—定位板；3—支座；4—试验机架；
5—加载手轮；6—拉杆；7—加载横梁；
8—力显示屏；9—加载系统；10—载荷传感器；
11—加载压头

**图 4.53　纯弯曲梁实验装置**

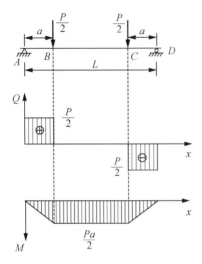

图 4.54 简支梁受力图、剪力图及弯矩图

定位板、支座、试验机架、加载系统、两端万向接头的加载拉杆、加载压头、加载横梁、载荷传感器和测力仪等组成。该装置的弯曲梁是一根已粘贴好应变片的钢梁,其弹性模量 $E = 2.0 \times 10^5$ MPa。实验时,转动手轮加载至 $P$ 时,钢梁的 $B$、$C$ 处分别受到垂直向下的力,大小均为 $\dfrac{P}{2}$,由剪力图得到 $BC$ 段剪力为零,故 $BC$ 段梁为纯弯曲段,弯矩为 $M = \dfrac{Pa}{2}$,梁的受力图、剪力图及弯矩图如图 4.54 所示。

由理论推导得出梁纯弯曲时横截面上的正应力公式为

$$\sigma_{\text{理}} = \frac{M}{I_z} y \tag{4.73}$$

式中　$M$——横截面上的弯矩;

　　　$I_z$——梁横截面对中性轴 $z$ 的惯性矩;

　　　$y$——需求应力的测点离中性轴的距离。

　　为了验证此理论公式的正确性,在梁纯弯曲段的侧面,沿不同的高度粘贴了电阻应变片,测量方向均平行于梁轴,布片方案及各片的编号见图 4.55。当梁加载变形时,利用电阻应变仪测出各应变片的应变值,然后根据单向应力状态的虎克定律求出各点实测的应力值。

$$\sigma_{\text{实}} = E\varepsilon_{\text{实}} \tag{4.74}$$

式中　$E$——钢梁的弹性模量;

　　　$\varepsilon_{\text{实}}$——电阻应变仪测量的应变值。

　　将测得的应力值与理论应力值进行比较,从而验证弯曲正应力公式的正确性。

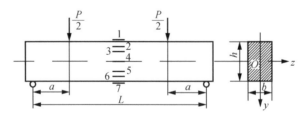

图 4.55 应变片分布图

　　有关电阻应变片的结构和工作原理详见 4.1 节。

　　由于式(4.73)、式(4.74)适用于比例极限以内,故梁的加载必须在此范围内进行。为了随时观察变形与载荷的线性关系,实验时第一次采用增量法加载,即每增加等量载荷 $\Delta P$,测读各点的应变一次,观察各次的应变增量是否也基本相同。然后,重复加载零和最终载荷两次,以便了解重复性如何。由于应变片是按中性层上下对称布置的,因此,在每次加载、测读应变值后,还可以分析其对称性。最后,取三次最终载荷所测得的应变平均值计算各点的应力值 $\sigma_{\text{实}}$。

本实验用电测法测量应变,采用 1/4 桥公共补偿的接法,详情参阅 4.1.6 节。因是多点测量,且七个测量点的温度条件相同,为方便测量,七片测量片共用一片温度补偿片,即公共补偿。

### 4.4.4　实验方法与步骤

#### 1. 记录钢梁的截面尺寸

宽度 $b = 20$ mm,高度 $h = 40$ mm,跨度 $L = 620$ mm,加载点到支座距离 $a = 150$ mm,钢梁的材料为低碳钢,弹性模量 $E = 2.0 \times 10^5$ MPa。

#### 2. 采用 DH3818Y 静态应力应变测试仪

(1) 连接桥路:按照 1/4 桥接(公共补偿),即方式一的方法将钢梁上的七片应变片的两根引出导线依次接在 1~7 号通道上的"Eg 和 1/4 桥"接线柱上,一片补偿片的两根引出导线接在补偿通道上作公共补偿。

扫码观看:
弯曲正应力
实验操作指
导视频 1

(2) 打开静态应变仪电源和梁弯曲实验装置电源,在荷载为零时调整应变仪灵敏系数($K$ 值)和电桥调平衡。具体操作方法:在静态应力应变测试仪触屏面板处依次点击①通道参数设置,选中 1~7 号通道,选择测试应变,选择接桥方式为 1/4 桥接(公共补偿),输入和确定灵敏系数,点击保存;②点击采样设置,选中连续采样,设置采样频率,输入用户名,按 Enter 确认,点击保存;③点击进入测试:荷载为零时调节电桥平衡,点击全选,平衡所有通道为零,而后点击启动,应变仪开始采集数据,而后加载。

扫码观看:
弯曲正应力
实验操作指
导视频 2

#### 3. 加载测量方式

本实验采用转动手轮加载的方法,载荷大小由与载荷传感器相连接的测力仪显示。每增加载荷增量 $\Delta P$,缓慢转动手轮均匀加载,记录一次钢梁横截面上各测点的应变读数一次,观察各次的应变增量是否基本相同。然后,重复加载零和最终载荷两次。最后取三次最终载荷所测得的各点的应变平均值计算各点的实测应力。

以最大荷载 4.5 kN 为例,逆时针转动加载手轮对梁加载:第一次分级加载:分别记录 0 kN、1.5 kN、3.0 kN 和 4.5 kN 时各测点的应变值(中间不要卸载,最大荷载读数结束后卸载)。第二次和第三次直接由 0 kN 加到 4.5 kN。取以上三次 $P = 4.5$ kN 时各测点实测应变的平均值计算各测点的实测应力。

### 4.4.5　注意事项

(1) 不要随意拉动导线或触碰钢梁上的电阻应变片。

(2) 第二次和第三次加载前需要重新调电桥平衡。

(3) 为防止试件过载,手轮加载时不要超过 5 kN。

(4) 实验结束后,先卸除梁上荷载,再关闭测力仪和应变仪电源。

### 4.4.6 实验分析与讨论

（1）在图 4.55 中应变片粘贴位置倾斜一个小的角度对测量结果有无影响？为什么？

（2）思考一下灵敏系数不同，测出的结果是否也有变化？

## 4.5 弯扭组合实验

### 4.5.1 实验目的

（1）学习用电测法测定在平面应力状态下某一点处主应力的大小及方向的原理和方法。

（2）测定薄壁圆管在弯曲和扭转组合变形情况下某一点处的主应力的大小和方向。

（3）根据试验结果，将所测某点主应力大小和方向与理论值进行比较，并分析原因。

### 4.5.2 实验设备

（1）弯扭组合变形实验装置。由薄壁管（已粘贴好应变片），加力杆、钢索、传感器、加载手轮、底座数字测力仪等组成的弯扭组合变形实验装置一套（图 4.56）。

（2）DH3818Y 静态应力应变测试仪。

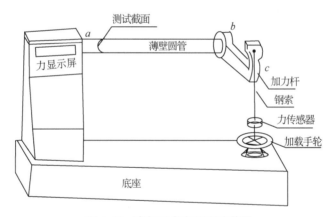

**图 4.56 弯扭组合变形实验装置**

### 4.5.3 实验原理

试验时，逆时针转动加载手轮，逐渐收紧的钢索对加力杆施加向下的力，加力杆端作用力传递至薄壁管上，使薄壁管产生弯扭组合变形。

薄壁管为铝合金材料，其弹性模量为 $E=70$ GPa，泊松比 $\mu=0.33$。薄壁管截面尺寸见图 4.57（a），薄壁管受力简图和有关尺寸见图 4.57（b）。选取 I-I 截面为测试截面（试验者也可以选取其他截面），并取四个被测点，位置如图 4.57（a）所示的 $A$、$B$、$C$、$D$，在每个被测点上粘贴一枚应变花（$-45°$，$0°$，$45°$）。如图 4.57 所示共计 12 片应变片，供不同实验选用。该实验装置逆时针转动手轮为加载，顺时针为卸载，最大载荷为 500 N，超载会损坏薄壁管和传感器。

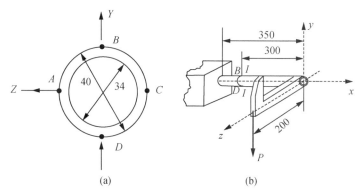

**图 4.57　受力图和弯扭组合变形实验装置尺寸**

## 1. 受力分析

当竖向荷载 $P$ 作用在加力杆 $C$ 点时，试件 $AB$ 发生弯曲与扭转组合变形，$A$、$B$、$C$、$D$ 点所在截面的内力[图 4.58(a)]有弯矩 $M$、剪力 $Q$ 和扭矩 $M_T$。 因此该横截面上同时存在弯曲引起的正应力 $Q_w$，扭转引起的剪应力 $\tau_T$（弯曲引起的剪应力比扭转引起的剪应力小得多，故在此不予考虑）。根据弯矩引起的正应力和扭转引起的剪应力在该截面上的分布规律，从 $A$、$B$、$C$、$D$ 四点截取单元体，其各面上作用的应力如图 4.58(b)所示（以 $B$ 点为例），其中

$$\sigma_w = \frac{M}{W}, \ \tau_T = \frac{M_T}{W_T} \tag{4.75}$$

如图 4.58(c)所示，$B$ 点处于平面应力状态。根据应力状态理论，该点的主应力大小和方向由式(4.76)、式(4.77)决定

$$\begin{matrix} \sigma_1 \\ \sigma_3 \end{matrix} = \frac{\sigma_w}{2} \pm \sqrt{\left(\frac{\sigma_w}{2}\right)^2 + \tau_T^2} \tag{4.76}$$

$$\tan 2\alpha_0 = \frac{-2\tau_T}{\sigma_w} \tag{4.77}$$

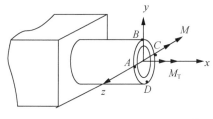
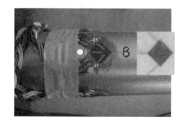

(a)

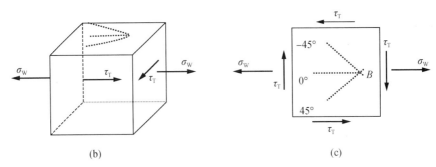

(b)                  (c)

**图 4.58** 测点布置及 *B* 点贴片图(a),应力单元体(b),*B* 点应力单元体及应变片粘贴位置(c)

### 2. 电测实验原理

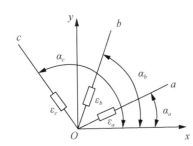

**图 4.59** 三个方向应变片粘贴位置

为了用实验的方法测定薄壁圆管弯曲和扭转时表面上一点处的主应力大小和方向,首先要在该点处测量应变,确定该点处的主应变 $\varepsilon_1$,$\varepsilon_3$ 的数值和方向,然后利用广义胡克定律算得主应力 $\sigma_1$,$\sigma_3$。根据应变分析原理,要确定一点处的主应变,需要知道该点处沿 $x$,$y$ 两个相互垂直方向的三个应变分量 $\varepsilon_x$,$\varepsilon_y$,$\gamma_{xy}$。由于在实验中测量剪应变很困难,而用电阻应变片测量线应变比较方便,所以通常采用测量一点处沿着与轴成三个已知方向的线应变 $\varepsilon_a$,$\varepsilon_b$,$\varepsilon_c$ 的方法(图 4.59),按下列方程组联立求得 $\varepsilon_x$,$\varepsilon_y$,$\gamma_{xy}$。

$$\left.\begin{aligned}
\varepsilon_a &= \varepsilon_x \cos^2 \alpha_a + \varepsilon_y \sin^2 \alpha_a - \gamma_{xy} \sin \alpha_a \cos \alpha_a \\
\varepsilon_b &= \varepsilon_x \cos^2 \alpha_b + \varepsilon_y \sin^2 \alpha_b - \gamma_{xy} \sin \alpha_b \cos \alpha_b \\
\varepsilon_c &= \varepsilon_x \cos^2 \alpha_c + \varepsilon_y \sin^2 \alpha_c - \gamma_{xy} \sin \alpha_c \cos \alpha_c
\end{aligned}\right\} \tag{4.78}$$

为了简化计算,本实验用了 $-45°,0°,45°$ 三个方向的应变花,将其粘贴在测点 $A$,$B$,$C$,$D$ 处(图 4.58),通过电阻应变仪就可测得这些点处沿与 $x$ 轴成 $-45°,0°,45°$ 三个方向的线应变 $\varepsilon_{-45°},\varepsilon_{0°},\varepsilon_{45°}$,代入方程式(3),得应变分量分别为

$$\varepsilon_x = \varepsilon_{0°}, \quad \varepsilon_y = \varepsilon_{-45°} + \varepsilon_{45°} - \varepsilon_{0°}, \quad \gamma_{xy} = \varepsilon_{-45°} - \varepsilon_{45°} \tag{4.79}$$

主应变的数值为

$$\begin{aligned}
\left.\begin{aligned}\varepsilon_1 \\ \varepsilon_3\end{aligned}\right\} &= \frac{\varepsilon_x + \varepsilon_y}{2} \pm \sqrt{\left(\frac{\varepsilon_x - \varepsilon_y}{2}\right)^2 + \left(\frac{\gamma_{xy}}{2}\right)^2} \\
&= \frac{\varepsilon_{-45°} + \varepsilon_{45°}}{2} \pm \sqrt{\left[\frac{2\varepsilon_{0°} - (\varepsilon_{45°} + \varepsilon_{-45°})}{2}\right]^2 + \left(\frac{\varepsilon_{-45°} - \varepsilon_{45°}}{2}\right)^2}
\end{aligned}$$

$$\tag{4.80}$$

主应变的方向为

$$\tan 2\alpha_0 = \frac{-\gamma_{xy}}{\varepsilon_x - \varepsilon_y} = \frac{\varepsilon_{45°} - \varepsilon_{-45°}}{2\varepsilon_{0°} - (\varepsilon_{-45°} + \varepsilon_{45°})} \tag{4.81}$$

$\alpha_0$ 为 $x$ 到主应变方向的夹角,以逆时针转向为正。

利用广义胡克定律可得主应力的大小为

$$\sigma_1 = \frac{E}{1-\mu^2}(\varepsilon_1 + \mu\varepsilon_3)$$
$$\sigma_3 = \frac{E}{1-\mu^2}(\varepsilon_3 + \mu\varepsilon_1) \tag{4.82}$$

$$\begin{matrix} \sigma_1 \\ \sigma_3 \end{matrix} = \frac{E}{1-\mu^2}\left[\frac{1+\mu}{2}(\varepsilon_{-45°} + \varepsilon_{45°}) \pm \frac{1-\mu}{\sqrt{2}}\sqrt{(\varepsilon_{-45°} - \varepsilon_{0°})^2 + (\varepsilon_{0°} - \varepsilon_{45°})^2}\right] \tag{4.83}$$

主应力方向与主应变方向一致。

### 4.5.4　实验方法与步骤

#### 1. 接桥

按照 1/4 桥接(公共补偿),即方式一将测点 $B$ 和 $D$ 两组应变花的六个应变片的六对引出线按 $B_{-45°}$,$B_{0°}$,$B_{45°}$,$D_{-45°}$,$D_{0°}$,$D_{45°}$ 的顺序分别接在 DH3818Y 静态应力应变测试分析系统的 1,2,3,4,5,6 通道的 Eg 和 $V_i^+$ 接线柱上,将公共补偿片接到左侧的补偿通道上作公共补偿。

扫码观看:
弯扭组合实验操作指导视频(DH3818-2 型应变仪)

#### 2. 预调平衡

打开静态应变仪电源和弯扭组合实验装置电源,在荷载为零时调整应变仪灵敏系数($K$ 值)和电桥调平衡。具体操作方法如下:在触屏面板处依次点击①通道参数设置,选中 1～6 号通道,选择测试应变,选择接桥方式为 1/4 桥接(公共补偿),输入并确定灵敏系数,点击保存;②点击采样设置,选中连续采样,设置采样频率,输入用户名,按 Enter 确认,点击保存;③点击进入测试:荷载为零时调节电桥平衡,点击全选,平衡所有通道为零,使各测点的电桥处于平衡状态。点击启动,应变仪开始采集数据,而后加载。

扫码观看:
弯扭组合实验操作指导视频(DH3818Y 电阻应变仪)

#### 3. 加载测量

(1)逆时针转动加载手轮对试件加载(数字测力仪显示的数字即为作用在加力杆端的荷载值,单位为 N)。分级加载,初始载荷为 0 N,以后每级加载 150 N,记录相应各测点的应变值,直至最大荷载为 450 N 为止。

(2)卸载至零,逐点检查和调整电桥平衡,记下零荷载时应变仪的初读数,再由 0 直接加载至 450 N,记录相应各测点的应变值,重复两次。

(3)取以上三次 $P = 450$ N 时实测应变的平均值计算 $B$ 和 $D$ 两点处主应力的大小和方向。

### 4.5.5 注意事项

本实验装置能承受的最大荷载为 500 N,严禁超载,否则会损坏薄壁管和传感器。

### 4.5.6 实验分析与讨论

(1) 主应力测量中,应变花是否可沿任意方向粘贴?

(2) 试用测点 $A$,$B$,$C$,$D$ 的四组应变花的 12 个应变片,来制定测试各测点的主应变与主应力值的测试方案。

## 4.6 叠合梁实验

叠合梁多由两种或两种以上的材料组成,可以很好地发挥不同材料在强度、刚度和耐腐蚀等方面的优势。它还具有设计灵活、施工简便等特点,被广泛应用于水利工程、建筑工程以及机械工程等领域。

### 4.6.1 实验目的

(1) 测定两种不同性质材料被胶结(或用螺栓连接)而成叠合梁的正应力分布规律。

(2) 通过实验结果来分析叠合梁的弯曲正应力计算公式的建立。

(3) 将实验结果与理论计算结果进行比较和分析。

### 4.6.2 实验设备

(1) 叠合梁实验装置(图 4.60);

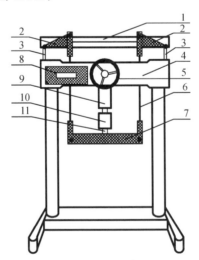

1—叠合梁;2—定位板;3—支座;4—试验机架;5—加载手轮;
6—拉杆;7—加载横梁;8—力显示屏;9—加载系统;
10—载荷传感器;11—加载压头

**图 4.60 叠合梁实验装置图**

（2）DH3818Y 静态应力应变测试仪（详见 4.1.6 节）。

### 4.6.3　实验原理

三种不同材料组成的叠合梁分别为：铜—钢叠合梁、铝—钢叠合梁和铜—铝叠合梁。三种材料中钢材的塑性最好，铝合金次之，黄铜最差。由于脆性材料不适合受拉，故铜—钢叠合梁中，铜应该在上部受压，钢应该在下部受拉。同理，铝—钢叠合梁中，铝在上部，钢在下部；铜—铝叠合梁中，铜在上部，铝在下部。

本实验所使用的黄铜的弹性模量 $E=100$ GPa，钢材为 45 号钢，弹性模量 $E=210$ GPa；铝为弹性模量 $E=70$ GPa 的铝合金。叠合梁尺寸：宽度 $b=20$ mm，高度 $h_0=40$ mm，跨度 $L=620$ mm，加载点到支座距离 $a=150$ mm。下面以铝—钢叠合梁为例讲解实验原理，在梁跨中截面上，沿叠合梁截面高度粘贴一组应变片，应变片测量方向平行于梁轴线，应变片的分布如图 4.61 所示。

#### 1. 应变片粘贴位置

叠合梁可使用 Q235 普通钢材与铝合金胶结（图 4.61），每根梁横截面为（20×20）$\text{mm}^2$，$h_1=h_2=h$，用高强环氧粘结剂胶结而成。在梁跨中截面上，沿截面高度前、后面各布置 6 片平行于梁轴线的应变片，每片应变片的间距如图 4.61 所示。应变片的编号从由上到下为 1～12 号，1 号和 6 号在上层梁的上下顶面，测点 1～2，2～3，3～4，4～5，5～6 间距相等，均为 5 mm。7 号和 12 号在下层梁的上下顶面，测点 7～8，8～9，9～10，10～11，11～12 间距相等，均为 5 mm。

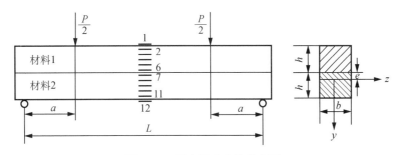

**图 4.61　叠合梁应变片分布图**

#### 2. 叠合梁应力计算的推荐理论公式

如图 4.61 所示的叠合梁，由两种不同材料粘合在一起，在弯曲变形过程中无相对错动，则叠合梁横截面可视作整体。上梁的弹性模量为 $E_1$，下梁的弹性模量为 $E_2$，且 $E_1 < E_2$，并且两种材料的横截面积尺寸相同。由于两种材料的弹性模量不同，叠合梁在对称横向弯曲时，其中性轴的位置不在叠合梁截面的几何形心位置，会偏向弹性模量大的下梁，设上梁横截面底端距叠合梁截面中性距离为 $e$，即为我们所要确定的叠梁中性轴位置（图 4.61）。

$e$ 大小的确定：叠合梁横截面可视作整体，由平面假设可知，叠合梁横截面上各点处

的纵向线应变沿截面高度呈线性规律变化,任一点 $y$ 处的纵向线应变为

$$\varepsilon = \frac{y}{\rho} \tag{4.84}$$

式中,$\rho$ 为中性层的曲率半径。

当两种材料均处于线弹性范围,由单轴应力状态下的胡克定律可得横截面材料 1 与材料 2 的弯曲正应力 $\sigma_1$ 和 $\sigma_2$ 分别为

$$\sigma_1 = E_1 \varepsilon = \frac{E_1 y}{\rho} \tag{4.85}$$

$$\sigma_2 = E_2 \varepsilon = \frac{E_2 y}{\rho} \tag{4.86}$$

根据图 4.61,由叠合梁横截面上应力的合力等于内力的静力学关系可知

$$\int_{A_1} \sigma_1 \mathrm{d}A_1 + \int_{A_2} \sigma_2 \mathrm{d}A_2 = F_N = 0 \tag{4.87}$$

即

$$\int_e^{h+e} E_1 \frac{y}{\rho} b \mathrm{d}y + \int_0^e E_2 \frac{y}{\rho} b \mathrm{d}y - \int_0^{h-e} E_2 \frac{y}{\rho} b \mathrm{d}y = F_N = 0 \tag{4.88}$$

可得

$$e = \frac{h}{2} \cdot \frac{E_2 - E_1}{E_1 + E_2} \tag{4.89}$$

由此即可求出沿横截面高度不同的点距中性的距离 $y$。

以叠合梁横截面内垂直对称轴为 $y$ 轴,中性轴为 $z$ 轴建立直角坐标系,利用横截面上正应力组成的弯矩静力方程及由式(4.89)确定的叠梁横截面中性轴位置,可知

$$\int_{A_1} y_1 \sigma_1 \mathrm{d}A_1 + \int_{A_2} y_2 \sigma_2 \mathrm{d}A_2 = M \tag{4.90}$$

即

$$\int_e^{h+e} \frac{E_1 y^2 b}{\rho} \mathrm{d}y + \int_0^e \frac{E_2 y^2 b}{\rho} \mathrm{d}y + \int_{-(h-e)}^0 \frac{E_2 y^2 b}{\rho} \mathrm{d}y = M \tag{4.91}$$

化简后可以得中性层的曲率为

$$\frac{1}{\rho} = \frac{3M}{E_1 b (h^3 + 3h^2 e + 3he^2) + E_2 b (h^3 + 3he^2 - 3h^2 e)} \tag{4.92}$$

将式(4.92)代入式(4.85)和式(4.86),可得上下层截面的弯曲正应力分别为

$$\sigma_1 = \frac{M E_1 y}{E_1 I_{z_1} + E_2 I_{z_2}}$$

$$\sigma_2 = \frac{M E_2 y}{E_1 I_{z_1} + E_2 I_{z_2}} \tag{4.93}$$

其中

$$E_1 I_{z_1} + E_2 I_{z_2} = \frac{1}{3} \left[ E_1 b (h^3 + 3h^2 e + 3he^2) + E_2 b (h^3 + 3he^2 - 3h^2 e) \right] \quad (4.94)$$

式中　$I_{z_1}$——上半梁截面对中性轴 $z$ 轴的惯性矩；

　　　$I_{z_2}$——下半梁截面对中性轴 $z$ 轴的惯性矩；

　　　$y$——沿叠合梁横截面高度各测点距叠合梁中性轴的距离；

　　　$E_1$、$E_2$——上下层截面的弹性模量。

由式(4.93)可求出叠梁纯弯曲时的理论应力值。

**3. 实测应力分布曲线与理论应力分布曲线的比较**

根据应变实测记录表中各点的实测应力值,描绘实测点曲线。用"最小二乘法"分段求最佳拟合直线,设两种不同材料的梁中拟合各点实测应力的直线方程为

$$\sigma = ky \quad (4.95)$$

式中　$\sigma$——各测点的实测应力；

　　　$y$——各测点的坐标(离中性轴的距离)；

　　　$k$——梁弯曲变形的曲率(待定常数)。

则
$$\Delta_i = \sigma_i - k y_i \quad (4.96)$$

$$Q = \sum_{i=1}^{4} \Delta_i^2 = \sum_{i=1}^{4} (\sigma_i - k y_i)^2 \quad (4.97)$$

$$\frac{\partial Q}{\partial k} = 0, \ 2 \sum_{i=1}^{4} (\sigma_i - k y_i)(-y_i) = 0 \quad (4.98)$$

$$\sum_{i=1}^{4} \sigma_i y_i - k \sum_{i=1}^{4} y_i^2 = 0$$

$$k = \frac{\displaystyle\sum_{i=1}^{4} \sigma_i y_i}{\displaystyle\sum_{i=1}^{4} y_i^2} \quad (4.99)$$

本实验采用转动手轮加载的方法,载荷大小由与载荷传感器相连接的测力仪显示。每增加载荷增量 $\Delta P$,通过两根加载拉杆,使得钢梁距两端支座各为 $a$ 处分别增加作用力 $\frac{\Delta P}{2}$。缓慢转动手轮均匀加载,每增加一级载荷,记录一次钢梁横截面上各测点的应变读数,观察各次的应变增量是否基本相同。然后,重复加载零和最终载荷两次,最后取三次最终载荷所测得的各点的应变平均值计算各点的实测应力。

### 4.6.4　实验方法与步骤

(1) 记录叠合梁的截面尺寸及材料常数。

(2) 应变仪接桥和设置。

扫码观看:
叠合梁实际
工程应用—
上海杨浦大
桥

① 接桥:将各测点应变片引出线分别接入静态电阻应变仪的各通道,将温度补偿片接入公共补偿位置。本实验采用 1/4 桥接(公共补偿)连接方式,由于上下层材料不同,所以需要两个温度补偿片粘贴在两种不同的材料上。实验时将 1-6 测点应变片的导线依次接入上排的 1-6 通道的接线柱上,与测点同材料的温度补偿片接在上排左侧的补偿线柱上;7-12 测点应变片的导线依次接入下排的 11-16 的接线柱上,与测点同材料的温度补偿片接在下排左侧的补偿线柱上。

② 在荷载为零时调整应变仪灵敏系数和电桥调平衡,打开静态应变仪电源和叠合梁实验装置电源。具体操作方法如下,在静态应力应变测试仪触屏面板处依次点击:通道参数设置,选中 1~16 号通道,选择测试应变,选择接桥方式为 1/4 桥接(公共补偿),输入和确定灵敏系数,点击保存;点击采样设置,选中连续采样,设置采样频率,输入用户名,按Enter 确认,点击保存;点击进入测试,荷载为零时调节电桥平衡,点击全选,平衡所有通道为零,而后点击启动,应变仪开始采集数据,而后加载。

(3)加载测量。

① 逆时针转动加载手轮对梁加载,分三次加载。

② 第一次分级加载,分别记录 0 kN、0.5 kN、1.0 kN 和 1.5 kN 时各测点的应变值。

③ 第二次和第三次直接由 0 kN 加到 1.5 kN。

取以上三次 $P = 1.5$ kN 时各测点实测应变的平均值计算各测点的实测应力。

(4)完成实验后卸载,并关闭电源。

### 4.6.5 实验分析与讨论

(1)如两根叠合梁之间仅光滑地叠合在一起,尝试设计梁的纯弯曲实验方案并完成实验。

(2)当两根叠合梁之间是用螺栓连接,梁跨中截面的正应力将如何分布?

(3)如叠合梁是左右叠合胶结在一起,尝试设计梁的纯弯曲实验方案并完成实验。

## 4.7 偏心拉伸实验

工程中的受拉构件,通常由于载荷的作用线偏离构件轴线而形成偏心拉伸,从而降低了构件的承载能力。因此,对受拉构件的允许偏心程度的研究,在实际工程中的应用中对提高构件的承载能力具有很重要的意义。

### 4.7.1 实验目的

(1)测定偏心拉伸时的最大正应力,验证叠加原理。

(2)测定偏心拉伸试样由轴力和弯矩所产生的应力大小。

(3)测定偏心拉伸试样的弹性模量 $E$ 和偏心距 $e$。

### 4.7.2　实验设备

（1）微机控制电子万能试验机；

（2）DH3818-2 型静态应变仪；

（3）游标卡尺。

### 4.7.3　实验原理

#### 1. 试件

本实验采用如图 4.62 所示的矩形截面偏心试样。通过圆柱销钉使试样安装在电子万能试验机上,实验过程中采用等增量法加载方式使试样受一对平行于轴线的拉力作用。

在试样中部的两侧面与轴线等距的对称点处沿纵向对称地粘贴两枚单轴应变片,粘贴位置如图 4.62 所示。可以将应变片的灵敏系数 $K$ 标注在试样上。

#### 2. 测定偏心拉伸时的最大正应力

偏心受拉构件在外载荷 $F$ 的作用下,横截面上存在的以下内力分量:轴力 $F_N = F$, 弯矩 $M = Fe$, $e$ 为构件的偏心距。

设构件的宽度为 $b$、厚度为 $h$, 则横截面面积为 $S_0 = bh$。 根据叠加原理可知,该偏心拉伸构件横截面上各点都为单向应力状态,测点处正应力的理论计算公式为拉伸应力和弯矩正应力的代数和,即

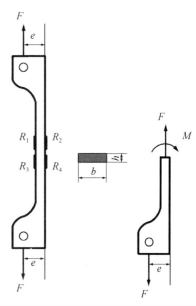

**图 4.62　应变片粘贴方式**

$$\sigma = \frac{F}{S_0} \pm \frac{M}{W} = \frac{F}{bh} \pm \frac{6Fe}{bh^2} \tag{4.100}$$

根据胡克定律,测点处正应力的测量值为材料的弹性模量 $E$ 与测点处正应变 $\varepsilon$ 的乘积,即

$$\sigma = E\varepsilon \tag{4.101}$$

根据以上分析可知,受力构件上所布测点中最大应力的理论值的大小为

$$\sigma_{\max,理} = \frac{F}{S_0} + \frac{M}{W} = \frac{F}{bh} + \frac{6Fe}{bh^2} \tag{4.102}$$

而受力构件上所布测点中最大应力的测量值为

$$\sigma_{\max,测} = \sigma_左 = E\varepsilon_左 = E(\varepsilon_F + \varepsilon_M) \tag{4.103}$$

式中,$\varepsilon_F$、$\varepsilon_M$ 分别为由拉伸、弯曲所产生的拉应变、弯曲应变绝对值。

同理,可以得到受力构件上所布测点中最小应力的理论值的大小为

$$\sigma_{\min,理}=\frac{F}{S_0}-\frac{M}{W}=\frac{F}{bh}-\frac{6Fe}{bh^2} \tag{4.104}$$

而受力构件上所布测点中最小应力的测量值为

$$\sigma_{\min,测}=\sigma_右=E\varepsilon_右=E(\varepsilon_F-\varepsilon_M) \tag{4.105}$$

### 3. 测定偏心拉伸时的拉伸正应变 $\varepsilon_F$ 和弯曲正应变 $\varepsilon_M$

可以通过不同的组桥方式测得 $\varepsilon_F$ 和 $\varepsilon_M$。

本实验在如图 4.62 所示试样中部截面的两侧面处对称地粘贴 $R_1$,$R_2$,$R_3$ 及 $R_4$ 四枚应变片,则 $R_1$ 和 $R_2$ 的应变均由拉伸和弯曲两种应变成分组成,即

$$\varepsilon_1=\varepsilon_F+\varepsilon_M$$
$$\varepsilon_2=\varepsilon_F-\varepsilon_M \tag{4.106}$$

接桥方式可以采用 1/4 桥连接、公共补偿、多点同时测量的方式组桥,测出各个测点的应变值。然后再根据式(4.106)计算得 $\varepsilon_F$ 和 $\varepsilon_M$。

也可以按照图 4.63 的方式接桥,图 4.63(a)为对臂半桥,图 4.64(b)为相邻半桥,这时应变仪的读数分别为

$$\varepsilon_{adu}=2\varepsilon_F$$
$$\varepsilon_{bdu}=2\varepsilon_M \tag{4.107}$$

式中　$\varepsilon_{adu}$——图 4.63(a)应变读数;
　　　$\varepsilon_{bdu}$——图 4.63(b)应变读数。

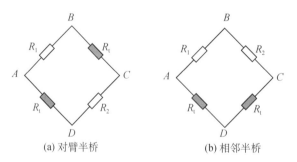

**图 4.63　接桥方式**

### 4. 测定弹性模量 $E$ 和偏心距 $e$

为了测定弹性模量 $E$,可以按照图 4.63(a)所示方式组桥,采用等增量加载的方式进行测试,即所增加荷载 $\Delta F_i=i\Delta F$(其中 $i=1,2,3,4,5$ 为加载级数,$\Delta F$ 为施加在试样上的一级荷载增量值)。在初始荷载 $F_0$ 为零时,调节应变仪灵敏系数和电桥调平衡,之后每加一级荷载就测得一次应变值 $\varepsilon_{Fi}$,然后采用增量平均值计算材料的弹性模量

$E$，即

$$E = \frac{\Delta F}{bh} \cdot \frac{\sum\limits_{i=1}^{5} i^2}{\sum\limits_{i=1}^{N} i \Delta \varepsilon_{Fi}}, \quad N = 5 \tag{4.108}$$

实验中末级加载 $F_5 = F_0 + 5\Delta F$ 应在材料弹性范围内。

为了测定偏心距 $e$，可以按照图 4.63(b) 所示方式组桥，采用等增量加载的方式进行测试，测得弯曲应变 $\varepsilon_M$，根据胡克定律可知弯曲应力为

$$\sigma_M = E\varepsilon_M \tag{4.109}$$

而

$$\sigma_M = \frac{M}{W} = \frac{6\Delta F \cdot e}{bh^2}$$

因此可得试样的偏心距为

$$e = \frac{Ebh^2}{6\Delta F}\varepsilon_M \tag{4.110}$$

### 4.7.4　实验方法与步骤

（1）设计实验所需各类数据表格。

（2）测量试件尺寸，测量上中下三个截面尺寸，取其平均值作为实验值。

（3）拟定加载方案。

（4）打开试验机，安装试件和连接仪器。

（5）按照前面介绍的接桥方式接桥，并在荷载为零时，调节应变仪灵敏系数和电桥调平衡。

（6）加载前仪器清零，加载并读记应变仪读数，重复加载，并记录数据。

（7）卸载后关闭电源，试验结束。

（8）进行数据处理和撰写实验报告。

### 4.7.5　实验分析与讨论

（1）材料在单向偏心拉伸时，分别存在哪些内力？

（2）比较本实验中两种接桥方式的优劣。

## 4.8　应变片接桥实验

### 4.8.1　实验目的

进一步熟悉电阻应变片的半桥、全桥自补偿和另补偿的连接方法，学生通过综合设计的接桥方法的测试，学会运用不同的接桥方法达到不同的测量目的。

### 4.8.2 实验设备

（1）DH3818-2 型静态应变仪；

（2）弯扭组合变形实验装置一套。

### 4.8.3 实验原理

由 4.1 应变电测原理简介部分的内容已知，应变仪读数与测量桥所测应变之间存在下列关系

$$\varepsilon_{ds} = \varepsilon_{AB} - \varepsilon_{BC} + \varepsilon_{CD} - \varepsilon_{DA} \tag{4.111}$$

由式（4.111）可知，若将应变值各自独立、互不相关的四个测点的电阻应变片分别接入测量桥的四个桥臂，则电阻应变仪的读数只是这四个测点应变值的和差结果，无法从中分离出任一点的应变值。因此，往往采用半桥另补偿接法分别测量各点应变值。但若某些测点的应变值之间有确定的数量关系，就可以利用电桥的加减特性，将它们组成适当的桥路，一方面可以提高测量精度，另一方面还可以将组合变形进行分解，消除某些不需要测出的应变，而测量单一基本变形时相应的应变。

**1. 弯扭组合实验**

弯扭组合变形实验装置的受力情况及应变片的粘贴方位如图 4.57(a)和图 4.58 所示，在弯扭组合变形的情况下各应变片感受的应变如下

测点 $B$    $\varepsilon_{B-45°} = \varepsilon_{弯'} + \varepsilon + \varepsilon_t$，$\varepsilon_{B0°} = \varepsilon_{弯} + \varepsilon_t$，$\varepsilon_{B45°} = \varepsilon_{弯} - \varepsilon + \varepsilon_t$    (4.112)

测点 $D$    $\varepsilon_{D-45°} = -\varepsilon_{弯'} + \varepsilon + \varepsilon_t$，$\varepsilon_{D0°} = -\varepsilon_{弯} + \varepsilon_t$，$\varepsilon_{D45°} = -\varepsilon_{弯'} - \varepsilon + \varepsilon_t$    (4.113)

在进行弯扭组合变形实验时，采用下面几种接桥方法：

（1）半桥另补偿测 $1\varepsilon_{弯}$（图 4.64，用测点 $B$ 和另补偿片）。

$$\begin{aligned} \varepsilon_{ds} &= \varepsilon_{AB} - \varepsilon_{BC} + \varepsilon_{CD} - \varepsilon_{DA} \\ &= (\varepsilon_{弯} + \varepsilon_t) - \varepsilon_t + 0 - 0 \\ &= \varepsilon_{弯} \end{aligned} \tag{4.114}$$

（2）半桥自补偿测 $2\varepsilon_{弯}$（图 4.65，用测点 $B$，$D$）。

$$\begin{aligned} \varepsilon_{ds} &= \varepsilon_{AB} - \varepsilon_{BC} + \varepsilon_{CD} - \varepsilon_{DA} \\ &= (\varepsilon_{弯} + \varepsilon_t) - (-\varepsilon_{弯} + \varepsilon_t) + 0 - 0 \\ &= 2\varepsilon_{弯} \end{aligned} \tag{4.115}$$

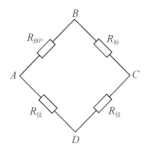

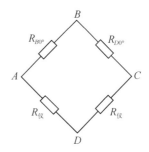

图 4.64　半桥另补偿　　　　　　　　　图 4.65　半桥自补偿

（3）半桥自补偿测 $2\varepsilon_{扭}$（图 4.66，用测点 $B$）。

$$
\begin{aligned}
\varepsilon_{\mathrm{ds}} &= \varepsilon_{AB} - \varepsilon_{BC} + \varepsilon_{CD} - \varepsilon_{DA} \\
&= (\varepsilon_{弯'} + \varepsilon_{扭} + \varepsilon_{\mathrm{t}}) - (\varepsilon_{弯'} - \varepsilon_{扭} + \varepsilon_{\mathrm{t}}) + 0 - 0 \\
&= 2\varepsilon_{扭}
\end{aligned}
\tag{4.116}
$$

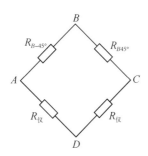

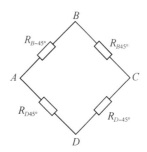

图 4.66　半桥自补偿(用测点 **B**)　　　　图 4.67　全桥自补偿

（4）全桥自补偿(图 4.67，用测点 $B$，$D$)。

$$
\begin{aligned}
\varepsilon_{\mathrm{ds}} &= \varepsilon_{AB} - \varepsilon_{BC} + \varepsilon_{CD} - \varepsilon_{DA} \\
&= (\varepsilon_{弯'} + \varepsilon_{扭} + \varepsilon_{\mathrm{t}}) - (\varepsilon_{弯'} - \varepsilon_{扭} + \varepsilon_{\mathrm{t}}) + (-\varepsilon_{弯'} + \varepsilon_{扭} + \varepsilon_{\mathrm{t}}) - (-\varepsilon_{弯'} - \varepsilon_{扭} + \varepsilon_{\mathrm{t}}) \\
&= 4\varepsilon_{扭}
\end{aligned}
$$

$$
\tag{4.117}
$$

　　在同样的受力情况下，采用不同的桥路连接，不仅可以提高测量精度，还可以将组合变形进行分解，分别测取与单一基本变形时相应的应变值，即在弯扭组合变形的情况下，可以消除由弯矩产生的应变，只测取扭矩产生的应变，或消除由扭矩引起的应变，只测取弯矩产生的应变。

　　在实际应用中，我们就可以利用电桥的这种加减特性，消除某些应变分量，从而分离出我们需要测定的应变，然后根据广义胡克定律求得组合变形时某一内力分量产生的应力。

　　采用半桥接法时，$A$，$B$，$C$ 三个接线柱上的 $AB$ 和 $BC$ 可以分别接上测量片或温度补偿片，$CD$ 和 $DA$ 连接着仪器内部的两个固定电阻(图 4.68)。

　　采用全桥接法时，在四个接线柱的 $AB$，$BC$，$CD$ 和 $DA$ 上分别接上 1～4 个测量片

（图 4.69）。

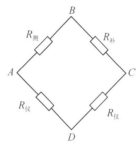
图 4.68　半桥接法

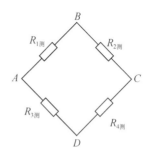
图 4.69　全桥接法

### 4.8.4　实验方法与步骤

扫码观看:
应变片接桥
实验操作指
导视频
（DH3818-2
型）

（1）用半桥温度另补偿的连接方法测量铝管的弯曲应变 $\varepsilon_弯$。

接好线路后,在零荷载时设置灵敏系数:即在静态电阻应变仪上的操作面板上,依次按 0、确认、设置,设输入灵敏系数、确认;零荷载时电桥调平衡:依次按 0、确认、平衡,使各测点的电桥平衡,即所有通道平衡为零。而后施加荷载至 450 N,读出相应通道应变值。

（2）用半桥温度自补偿的连接方法测量铝管的弯曲应变 $2\varepsilon_弯$。 电桥调平衡、设置灵敏系数和施加荷载方法同步骤（1）。

（3）用半桥连接方法测量铝管的剪切应变 $2\varepsilon_扭$。

（4）用全桥连接方法测量铝管的剪切应变 $4\varepsilon_扭$。

施加荷载大小同上,根据测得的应变,分别计算弯曲应力和剪切应力并与理论计算结果比较。

### 4.8.5　实验分析与讨论

（1）除了采用弯扭组合练习接桥方式之外,还可以采用什么装置练习?

（2）本实验中采用哪些桥路连接方法来测量截面的正应力,不同桥路连接方法有何优缺点?

## 4.9　压杆稳定实验

### 4.9.1　实验目的

（1）观察和了解细长中心受压杆件将要丧失稳定时的现象。

（2）用电测法测定两端铰支压杆的临界力 $P_{cr}$,并与理论计算的结果进行比较。

### 4.9.2　实验设备

（1）DH383-2 型静态电阻应变仪;

（2）小型压杆稳定实验装置(图 4.70)。

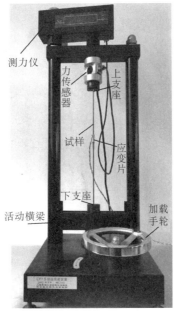

**图 4.70　压杆稳定实验装置**

## 4.9.3　实验原理

### 1. 桥路连接方式

本实验采用矩形截面薄杆试件,材料为 65 号钢,试样尺寸为:厚度 $t=3.00$ mm,宽度 $b=20.00$ mm,长度 $L=345$ mm,弹性模量 $E=2.10\times10^5$ MPa,试样两端做成带有一定圆弧的尖端,将试样放在试验架支座的 V 型槽口中,试样视为两端铰支压杆。在压杆长度的中间部分两个侧面沿轴线方向各贴一片电阻应变片 $R_1$ 和 $R_2$,采用半桥温度自补偿的方法进行测量,即将应变片 $R_1$ 和 $R_2$ 各自的引出线分别接于电阻应变仪的 $AB$ 和 $BC$ 接线柱上,$AD$ 和 $DC$ 则用仪器内部的固定电阻(图 4.71)。

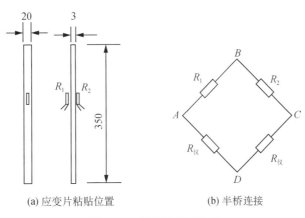

(a) 应变片粘贴位置　　　　　　　　　　(b) 半桥连接

**图 4.71　贴片及桥路连接**

### 2. 欧拉临界力

两端铰支、中心受压的细长杆,其欧拉临界力为

$$P_{cr} = \frac{\pi E I_{min}}{L^2} \tag{4.118}$$

式中　$L$ ——压杆的长度;

　　$I_{min}$ ——截面的最小惯性矩。

当压杆所受的荷载 $P \leqslant P_{cr}$ 时,中心受压的细长杆在理论上应保持直线形状,杆件处于稳定平衡状态,受力图如图 4.72(a)所示。当 $P \geqslant P_{cr}$ 时,杆件因丧失稳定而弯曲,若以荷载 $P$ 为纵坐标,压杆中点挠度 $f$ 为横坐标,按小挠度理论绘出的 $P$-$f$ 图形即折线 $OCD$,如图 4.72(b)所示,$P$ 趋近于临界力 $P_{cr}$。

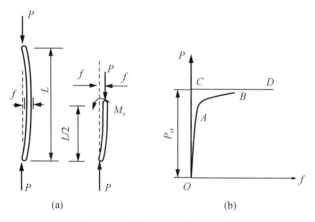

**图 4.72　压杆受力分析图**

在实验过程中,即使压力很小,杆件也会发生微小弯曲,中点挠度随荷载的增加而逐渐增大。若令杆件轴线为 $x$ 坐标轴,杆件下端点为坐标轴原点[图 4.72(a)],则在 $x = \dfrac{L}{2}$ 处截面上的内力为

$$M_{x=\frac{L}{2}} = Pf, \quad N = -P \tag{4.119}$$

横截面上的应力为

$$\sigma = -\frac{P}{A} \pm \frac{M_y}{I_{min}} \tag{4.120}$$

半桥温度自补偿的接桥方式可消除由轴向力产生的应变,应变仪上的读数就是测点处由弯矩 $M$ 产生的真实应变的两倍,则应变仪读数 $\varepsilon_{ds}$ 为真实应变 $\varepsilon$ 的 2 倍,即 $\varepsilon_{ds} = 2\varepsilon$。可得杆上测点的弯曲正应力为

$$\sigma = E\varepsilon = E\frac{\varepsilon_{ds}}{2} \tag{4.121}$$

因为弯矩产生的测点处的弯曲正应力可表达为

$$\sigma = \frac{M\frac{t}{2}}{I_{\min}} = \frac{Pf\frac{t}{2}}{I_{\min}} \tag{4.122}$$

由式(4.121)和式(4.122)可得

$$f = \left(\frac{EI_{\min}}{tP}\right)\varepsilon_{ds} \tag{4.123}$$

由式(4.123)可见,在一定的荷载 $P$ 作用下,压杆挠度 $f$ 和应变仪读数 $\varepsilon_{ds}$ 成正比。所以用电测法测定 $P_{cr}$ 时,图 4.72(b)的横坐标 $f$ 可用 $\varepsilon_{ds}$ 来代替。当 $P$ 远小于 $P_{cr}$ 时,随荷载的增加 $\varepsilon_{ds}$ 也增加,但增长极为缓慢(OA 段);而当 $P$ 趋近于临界力 $P_{cr}$ 时,虽然荷载增加量不断减小,但 $\varepsilon_{ds}$ 却会迅速增大(AB 段),曲线 AB 以直线 CD 为渐近线,可根据渐近线 CD 的位置确定临界荷载 $P_{cr}$。

### 4.9.4　实验方法与步骤

(1) 连接桥路:将压杆上已粘贴好的应变片按图 4.72(b)的组桥方式接至应变仪上。

(2) 预调平衡和设置灵敏系数。

接好线路后,在零荷载时,设置灵敏系数,即在静态电阻应变仪上的操作面板上,依次按 0,确认,设置,设输入灵敏系数,确认;零荷载时电桥调平衡,依次按 0,确认,平衡,使各测点的电桥平衡,即所有通道平衡为零。

(3) 加载测量。

顺时针方向旋转手轮,对压杆施加荷载,施加荷载的大小由测力仪显示。

本实验要求采用由等量加载到非等量加载的方法,实验开始时可选用 $\Delta P = 200$ N 的荷载增量等量加载,随着 $\Delta\varepsilon_{ds}$ 的不断变大,逐渐减小 $\Delta P$,分别记录相应的应变读数,到 $\Delta P$ 很小而 $\Delta\varepsilon_{ds}$ 突然变得很大时,应立即停止加载。为了保证压杆及杆上所贴电阻应变片都不受损,使试样可以反复使用,试样的弯曲变形不能过大,故本实验要求将总的应变量控制在 1 300 $\mu\varepsilon$ 以内。

扫码观看:
压杆稳定实验操作指导视频

### 4.9.5　实验分析与讨论

(1) 压缩实验和压杆稳定实验有何不同?

(2) 临界力 $P_{cr}$ 理论值和实测值误差如何,试分析误差产生的原因。

(3) 对同一压杆,当约束条件不同时,失稳后的弹性曲线及承载力是否相同?

## 4.10　矩形截面梁扭转实验

在工程中,矩形截面受扭的例子很多,如曲轴的曲柄、拖拉机上用的方轴、火箭炮平衡机的扭杆等。测出它们受扭时的剪应力对实际工程具有重要意义。实验通过电测法对矩形截面梁的扭转应力进行实验测量,通过实验加深对矩形截面梁扭转应力的认识,并掌握应变电测方法的技能。

## 4.10.1 实验目的

(1)掌握矩形截面扭转剪应力的测量方法。

(2)进一步熟悉应变片粘贴、电桥的接法及测试剪应变的方法。

## 4.10.2 实验设备

(1)电子万能试验机;

(2)静态电阻应变仪、游标卡尺及万用电表等。

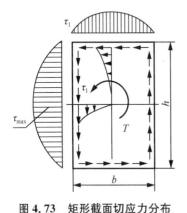

图 4.73 矩形截面切应力分布

## 4.10.3 实验原理

图 4.73 表示矩形截面杆横截面上的切应力分布图,四个角点上切应力等于零,最大切应力在矩形长边的中点,按式(4.124)计算

$$\tau_{max} = \frac{T}{abh^2} \tag{4.124}$$

式中 $\tau_{max}$ ——长边中点最大切应力;

$T$ ——外力矩;

$h$ ——长边长度;

$b$ ——短边长;

$a$ ——系数。

短边中点的切应力 $\tau_1$ 是短边上最大切应力,并按式(4.125)计算

$$\tau_1 = \nu\tau_{max} \tag{4.125}$$

式中 $\tau_{max}$ ——长边上的最大切应力;

$\nu$ ——系数,$\nu$ 与比值 $h/b$ 有关。

矩形截面梁的应变片布置如图 4.74 所示,在长边的中间的中点处粘贴 3 个应变片,"1"和"3"号应变片与横向成 45°,"2"号应变片在横向方向上;同样,"4"和"5"号应变片粘贴在短边中间的中点处,与横向也成 45°。根据广义胡克定律可推导出各应变值与扭矩之间的关系。

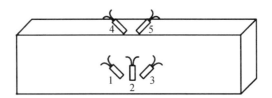

图 4.74 矩形截面梁上应变片布置示意

### 4.10.4　实验方法与步骤

（1）用游标卡尺测量试件尺寸，分别测量试件上中下三个部分的宽和高，再取其对应宽高平均值作为试件宽高数据。

（2）把矩形截面梁安装在试验扭转仪上，并按图 4.74 所示贴好应变片。

（3）把应变片按照半桥接法连接到静态应变仪上（接桥方法详见 4.1.5）。

（4）将已接好电路的试件装入微机控制电子扭转试验机。

（5）打开机器，开始实验前清零，开始分级加载，扭矩每增大 5 kN·m 暂停，记录对应的应变数据，先记录应变片 4、5 的数据，再记录 1、3 的数据；快速记录测试结果。当扭矩达到 30 kN·m 时，将逐级增大扭矩改为逐级减小扭矩，仍旧每减 5 kN·m 暂停并记录一次数据，当完全卸载后，取下试件，导出实验数据并关机，结束实验。

（6）数据分析，计算对应的扭矩作用下试件不同面上中点位置的剪应力，并与计算值比较，求出相对误差，并验证矩形截面梁受扭中点应力计算公式。

### 4.10.5　实验分析与讨论

（1）简述测试的原理，并推导由实测的应变值计算该测点 $\tau_{max}$ 最大值的计算表达式。

（2）计算实测的矩形截面长、短边中点的最大剪应力值。

（3）比较实测值和理论值之间的误差。

# 第5章 流体力学实验

## 5.1 静水压强实验

流体静力学是研究流体在静止状态下的平衡规律及其应用的一门学科。学习本实验的目的在于加深对流体静力学概念的理解,提高观察分析问题的能力。

### 5.1.1 实验目的

掌握用测压管测量流体静压强的技能,验证不可压缩流体静力学基本方程,测定有色液体的重度。

### 5.1.2 实验装置

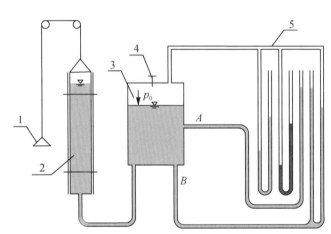

1—重锤;2—水位调节管;3—密闭容器;4—气阀;5—测压管系统
注:紫红色为待测液体(酒精等)

**图 5.1 静水压强实验装置示意图**

### 5.1.3 实验原理

流体处于静止或处于相对静止时,流体内部质点之间只体现出压应力作用,切应力为零,此压应力为静压强。静压强的方向垂直并指向受压面,且在静止流体中的任意给定点,其静压强的大小在各个方向都相等。

根据静水力学基本方程式

$$p = p_0 + \gamma h \qquad (5.1)$$

式中　$p$ ——被测点的静水压强,用相对压强表示,单位为 $kN/m^2$;

　　　$p_0$ ——作用在液面上的压强,又称表面压强,单位为 $kN/m^2$;

　　　$\gamma$ ——水的容重,$\gamma_水 = 9.8 \ kN/m^3$;

　　　$h$ ——被测点的液体深度,单位为 m。

由此可知,在静止液体内部某一点的静水压强等于表面压强加上液体重度乘该点的液体深度。

### 5.1.4　实验方法与步骤

(1) 实验前读取 $A$ 点和 $B$ 点的标高读数 $\nabla_A$ 和 $\nabla_B$。

(2) 打开容器上的气阀 4,此时容器内水面上之压力 $p_0 = p_a$(大气压)。

(3) 关闭气阀,上升水位调节管,使容器内水面升高(此时密闭容器内水的表面压强 $p_0 > p_a$)。 读各测压管中之水位标高 $\nabla_i (i=1, 2, \cdots, 7)$ 并记入表中。在保持 $p_0 > p_a$ 的条件下,改变容器中水位,重复进行三次。

(4) 打开气阀 4,使容器内水面上升并达到平衡,然后关闭气阀,下降水位调节管(此时 $p_0 < p_a$)。 在 $p_0 < p_a$ 的条件下,改变容器中水位重复进行三次。

**注意**:移动水位调节管时,应一手持重锤,一手拿水位管,缓慢移动,注意勿使重锤碰碎玻璃管。

### 5.1.5　实验分析与讨论

(1) 分析并计算实验数据,验证在重力作用下,处于静止状态的连续的均质流体,其内部任意两点的测压管水头值 $z + \dfrac{p}{\gamma}$ 是否相等,并说明原因。

(2) 测压管能测量何种压强? 静止液体内的测管水头线是一根什么线?

(3) 思考并设计油的密度测定拓展实验。

### 5.1.6　虚拟实验

流体力学实验一般都会使用水、油等流体,容易发生渗漏现象,污垢会存留在仪器内壁,难以清洗,这些都会影响实验的效果和结果。为此,我们开发了虚拟实验,把抽象的概念、原理、复杂的流程(或过程)可视化,形象地表达出来,使学生对概念、原理、流程的理解更清晰、透彻。利用信息技术与真实实验教学结合,可以弥补真实实验在实验条件、实验成本、交互性和安全性等方面的不足。

进行虚拟实验时,采用鼠标点击实验界面,会产生相应的鼠标事件,根据事件和点击对象来判断显示数据表格等界面,然后在相应的表格填入测量数据,记录实验数据并利用内嵌程序自动进行数据处理,从而生成实验报告。静水压强实验虚拟实验截屏如图 5.2 所示,链接地址为：http://www.truetable.com/tongji/Src/VTest-3-Src.html。

扫码进入静
水压强虚拟
实验

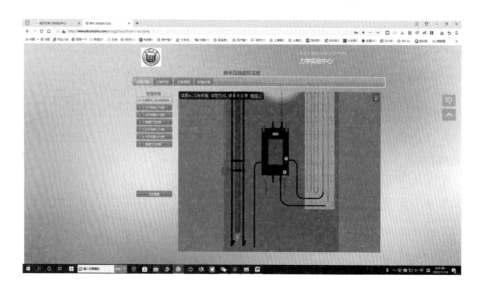

图 5.2　虚拟实验操作界面截屏

## 5.2　流谱流线演示实验

流线是一瞬时的曲线，线上任一点的切线方向与该点的流速方向相同；迹线是某一质点在某一时段内的运动轨迹线；色线（脉线）源于同一点的所有质点在同一瞬间的连线。用流线、迹线或者色线描绘出来的流动图谱，称为流谱。本实验流道中的流动均为恒定流。因此，所显示的染色线既是流线，又是迹线和色线。本实验可以帮助读者透过观察流场显示现象，加深理解流体运动基本原理。

### 5.2.1　实验目的

（1）了解电化学法流动显示方法。
（2）观察流体运动的流线、迹线和脉线，了解平行流、圆柱绕流等的流谱。
（3）培养读者应用势流理论分析机翼绕流等问题的能力。

### 5.2.2　实验装置

流谱流线实验装置如图 5.3 所示。

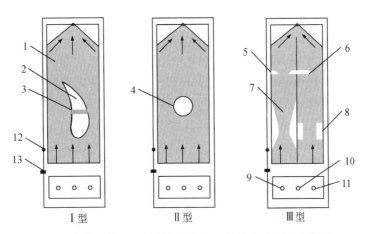

1—狭缝流道显示面；2—机翼绕流模型；3—孔道；4—圆柱绕流模型；
5—孔板及孔板流段；6—闸板及闸板流段；7—文丘里管及其流段；
8—突扩、突缩及其流段；9—水泵开关；10—对比度旋钮；11—电源开关；
12—侧板；13—电极电压测点

**图 5.3　流谱流线实验装置图**

## 5.2.3　实验原理

　　该系列仪器均由流线显示盘、前后罩壳、灯光、小水泵、直流供电装置等部件组成。总耗电功率为 15 W，仪器装水总重约为 6.8 kg，体积为 $(780 \times 195 \times 125) \, mm^3$。

　　该装置采用电化学法电极染色显示流线技术，以图 5.3 所示平板间狭缝式流道为流动显示面，由两块透明有机玻璃平板粘合而成，平板之间留有狭缝过流通道。工作液体在微型水泵驱动下，自仪器底部的蓄水箱流出，自下而上流经狭缝流道显示面，再经顶端的汇流孔流回到蓄水箱中，图 5.3 中箭头表示流向。在显示面底部的起始段流道内设有两排等间距的正、负电极，如图 5.4 所示。

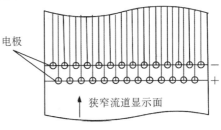

**图 5.4　电极设置**

　　工作液体在未发生电极反应之前为中性（pH＝7），是一种橘黄色显示液。水泵开启后工作液体开始流动，当流经正电极时被染成黄色（酸性 pH＜7），流经负电极时被染成紫红色（碱性 pH＞7），形成红黄相间的流线。工作液体流过显示面后，经水泵混合、中和消色，可循环使用。

　　该仪器目前有三种不同型号（Ⅰ型、Ⅱ型和Ⅲ型），如图 5.3 所示，分别用以演示机翼绕流、圆柱绕流和管渠过流。有的不仅可演示流线疏密，还可显示压强大小，如机翼绕流（图 5.3 Ⅰ型）。下述三种仪器，其流道中的流动均为恒定流。

### 1. Ⅰ型

　　采用图 5.5(a) 中Ⅰ型图可演示机翼绕流的流线分布。由图 5.5(a) 可知，机翼向天侧[图 5.5(a)右侧]流线比较密,由能量方程和连续方程知,流线密代表流速大,压强低;而在机翼向地侧[图 5.5(a)左侧],流线比较稀疏,代表流速小,压强高。即整个机翼受到一个向上的合力,称为升力。该设备通过在机翼腰部开有沟通两侧的孔道(其中有染色电极),在机翼两侧压力差的作用下,有分流经孔道从向地侧流至向天侧,通过孔道中电极释放染色流体显示出来,流动的方向即升力方向。由于流道的限制,在流道出口端可看到流线汇集到一处的平面汇流,流线非常密集但无交叉,从而验证流线不会重合。

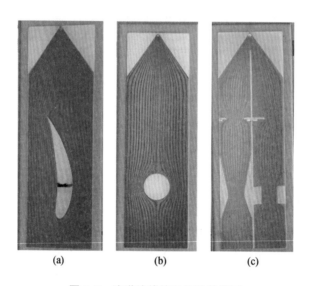

**图 5.5　流谱流线演示实验装置图**

### 2. Ⅱ型

用如图 5.5(b)中Ⅱ型图可演示圆柱绕流的流谱。演示时,尽可能调小流量,此时因为流速很低(约为 0.5～1.0 cm/s),能量损失极小,故该流动可视为势流,因此所显示的流谱上下游几乎完全对称,这与圆柱势流理论流谱基本一致,如图 5.5(b)所示。从图 5.5(b)可以看出,圆柱两侧转捩点趋于重合。零流线(沿圆柱表面的流线)在前驻点分成左右2 支,经 90°点($u = u_{max}$)后在后驻点处又合二为一。这是由于当绕流接近于势流时,圆柱绕流在前驻点($u = 0$)压能最大,90°点($u = u_{max}$)压能最小;而到达后滞点($u = 0$),动能又全转化为压能,压能又最大,所以流线又复原到驻点前的形状。

如果增大流速,则雷诺数增大,此时流动由势流变成涡流,流线不再对称,流谱表现为圆柱上游流谱不变,下游出现尾流。

### 3. Ⅲ型

用如图 5.5(c)中Ⅲ型图(双流道)可以演示文丘里管、孔板、逐渐缩小和逐渐扩大,以及演示突然扩大、突然缩小、明渠闸板等流段纵剖面上的流谱。

演示是在小雷诺数下进行,液体在流经这些管段时,断面有扩大有缩小。由图 5.5(c)

可以看出均匀流、渐变流、急变流的流线特征。如直管段均匀流的流线平行；文丘里的喉管段为渐变流,流线的切线大致平行；突然缩小、突然扩大处的急变流处,流线夹角大或曲率大。

### 5.2.4　实验方法与步骤

（1）启动。将随同仪器配备的显示剂药粉与蒸馏水按说明书中的比例配制成工作液体后,注入仪器水箱内,即可投入正常使用。插上 220 V 电源,打开水泵开关 9、电源开关 11 及微开流速调节阀,随着流道内工作液体缓慢流动,液体在电化学作用下逐渐会显示出红色与黄色相间的流线,并沿流程向上延伸。

（2）对比度调节。调节对比度旋钮可改变电极电压从而改变流线色度。一般应使电极电压调至 3~4 V,流线清晰,无气泡干扰。对比度调节好后可长期不动。

（3）观察质点运动。演示时可将泵暂时关闭 1~2 s 再重新开启。开启后观察不同流道的流谱流线形状,充分理解管流、明渠流、渗流、绕流等流谱。

（4）关闭。先关闭左侧泵开关,然后关闭右侧电源开关,拔掉电源插头。

### 5.2.5　实验分析与讨论

（1）从仪器中看到的染色线是流线还是迹线？

（2）实验观察到驻点的流线发生转折或分叉,这是否与流线的性质相矛盾,为什么？

（3）急变流和缓变流如何定义？列举生活或工程中的实例。

## 5.3　液体相对平衡实验

流体整体对地球有相对运动,但流体质点本身各自之间没有相对运动,这种状态被称为液体的相对平衡状态。液体相对平衡状态在工程的应用有离心铸造机,离心泵(边缘开口),清除杂质(容器敞开)等。

### 5.3.1　实验目的

（1）观察等角速度旋转容器中液体的平衡状态和规律,通过对转速和液面超高的测定,可以验证二者之间的理论关系。

（2）通过对液面曲线的测定来验证理论的自由面方程。

### 5.3.2　实验装置

液体相对平衡实验装置如图 5.6 所示。

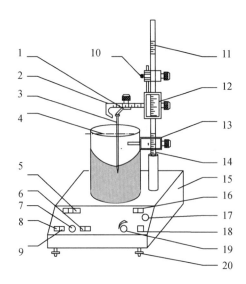

1—游标框架；2—横坐标主尺；3—测针；4—圆形容器；5—转速显示器；
6—时速显示器；7—清零按钮；8—自动键；9—手动键；10—启动螺母；
11—纵坐标主尺；12—纵向游标框架；13—指针框架；14—指针；
15—机座；16—指示灯；17—电源插座；18—电源按钮；
19—调速按钮；20—调平螺钉

**图 5.6　液体相对平衡实验装置图**

### 5.3.3　实验原理

液体平衡时服从欧拉平衡微分方程式

$$f_x = \frac{1}{\rho}\frac{\partial p}{\partial x},\ f_y = \frac{1}{\rho}\frac{\partial p}{\partial y},\ f_z = \frac{1}{\rho}\frac{\partial p}{\partial z} \tag{5.1}$$

式中　$f_x$，$f_y$，$f_z$——单位质量液体的质量力；

　　　$p$——液体中的点压强。

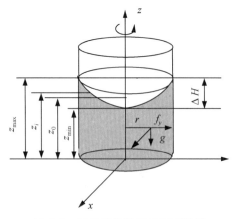

**图 5.7　等角速旋转液体相对平衡**

如图 5.7 所示,旋转流体的等角速度为 $\omega$,将质量力 $f_x = \omega^2 x$, $f_y = \omega^2 y$, $f_z = -g$ 代入式(5.1),并分别乘以 $\mathrm{d}x$、$\mathrm{d}y$、$\mathrm{d}z$ 后相加,可得

$$\mathrm{d}p = \rho(\omega^2 x \mathrm{d}x + \omega^2 y \mathrm{d}y - g \mathrm{d}z) \tag{5.2}$$

将式(5.2)积分得流体中的压强分布

$$p = \rho\left(\frac{1}{2}\omega^2 r^2 - gz\right) + C \tag{5.3}$$

由式(5.3)可知,等角速旋转相对平衡液体中的压强在同一水平面内作抛物面分布,即等压面为抛物面。设自由面上 $p=0$,$r=0$,$z=z_{r=0}$,积分常数 $C = g z_{\min}$,则自由液面方程为

$$z = \frac{\omega^2 r^2}{2g} + z_{\min} \tag{5.4}$$

或

$$\Delta z = z - z_{\min} = \frac{\omega^2 r^2}{2g} \tag{5.5}$$

其中,$\Delta z$ 称为自由液面超高,则最大超高如式(5.6)所示

$$\Delta H = \frac{\omega^2 R^2}{2g} \tag{5.6}$$

式中,$\omega = \frac{2\pi n}{60}$,$n$ 为容器每分钟转速,$R$ 为容器半径。

根据液体不可压缩条件可以证明

$$\Delta H = 2 \mid z_0 - z_{\min} \mid = 2 \mid z_{r=R} - z_0 \mid \tag{5.7}$$

通过测定 $z_{\min}$ 和 $z_0$ 计算 $\Delta H$,并按式(5.8)计算 $n$,与实测转速 $n'$ 相比较,可得出相对误差值。

$$n = \frac{60\sqrt{2g}}{2\pi R}\sqrt{\Delta H} \tag{5.8}$$

### 5.3.4　实验方法与步骤

(1) 检查仪器是否运行正常,取样时间以秒计;用测针测量并记录静止液面水位 $z_0$。

(2) 打开电源,用调速旋钮调节一较低的转速,待测速器读数稳定 2 分钟后,测得转速 $n'$ 和用测针在 $r_i = 0$ 处接触水面时的读数值 $z_{\min}$。

(3) 逐渐增大转速,并逐次测得 $n'$ 和相应的 $z_{\min}$,测量 5～10 组数据,计算 $\Delta H$ 和 $n$,比较 $n$ 和 $n'$,用以验证 $n$ 和 $\Delta H$ 的关系。

(4) 选取一定转速下的一个典型抛物面,进行水面曲线测定。沿横坐标移动测针,从 $r_i = 0$ 到 $r_i = R$,分若干测点,读取每个测点的横坐标 $r_i$ 和相应的纵坐标值 $z_i$。

扫码观看:
液体相对平衡演示实验视频

### 5.3.5　实验分析与讨论

在等速旋转相对平衡时,液体压强公式(沿垂直方向) $p = p_0 + \rho g h$ 是否还适用?

## 5.4　毕托管测速实验

科研、生产、教学、环境保护以及净化室、矿井通风、能源管理等部门,常用毕托管测量管道风速、炉窑烟道内的气流速度,然后通过换算来确定流量,也可测量管道内的水流速度。用毕托管测速和确定流量,有可靠的理论根据,使用方便、准确,是一种经典的被广泛使用的测量方法。此外,它还可以测量流体的压力。

### 5.4.1　实验目的

(1)通过测量管嘴淹没出流点流速和点流速系数,学会使用毕托管测量点流速。
(2)分析管嘴淹没射流的流速分布及流速系数的变化规律。

### 5.4.2　实验装置

实验装置及各部分名称如图 5.8 所示。

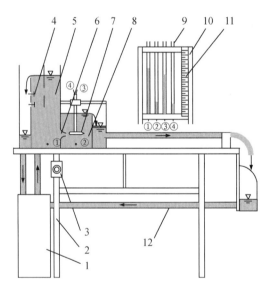

1—自循环供水器;2—实验台;3—可控硅无级调速器;4—水位调节阀;
5—恒压水箱与测压点①;6—管嘴;7—毕托管及其测压点③、④;
8—尾水箱与测压点②;9—测压管①~④;10—测压计;11—滑动测量尺;
12—回水管(注:水箱测压点①、②及毕托管测压点
③、④分别与连通管与同编号的测压管①、②、③、④相连)

**图 5.8　毕托管测速实验装置图**

该装置由自循环供水器、恒压水箱、毕托管及导轨、测压计、智能化数显流速仪和实验台等组成。水流从高位水箱经管嘴 6 流入低位水箱,形成淹没射流,将高低水箱水位差的

位能转换成动能,用毕托管在管嘴出口 2~3 cm 处测出其点流速值。测压计 10 的测压管①和②用来测量高、低水箱位置水头,测压管③和④用来测量毕托管的全压水头和静压水头,通过水位调节阀 4 来改变测点的流速大小。

### 5.4.3   实验原理

毕托管由法国人毕托(H. Pitot)于 1732 年发明,结构形状如图 5.9 所示,是通过测量流体总压力与静压力之差来计算流速的仪器。毕托管的测量范围水流为 0.2~2 m/s,气流为 1~60 m/s。且具有结构简单、操作方便、造价低、测量精度高和稳定性好等特点,被广泛应用于教学科研、生产、矿井通风、能源管理等方面的流速测量。

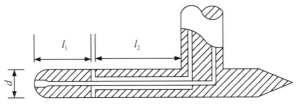

**图 5.9   毕托管结构形状图**

毕托管测速原理(图 5.10):毕托管总水头探头对准来流方向,另一端竖直并与大气相通。沿流线取两点 $A$ 和 $B$,点 $A$ 在未受毕托管干扰处,流速为 $u$,该点处静压水头可通过毕托管静压测孔测量;点 $B$ 在毕托管管口驻点处,流速为零。流体质点自点 $A$ 流到点 $B$,其动能转化为位能,使竖管液面升高,超出静压强为 $\Delta h$ 水柱高度。忽略 $A$,$B$ 两点间的能量损失,由能量方程可得式(5.9)和式(5.10)

$$z_A + \frac{p_A}{\rho g} + \frac{u^2}{2g} = z_B + \frac{p_B}{\rho g} + 0 \tag{5.9}$$

$$\left(z_B + \frac{p_B}{\rho g}\right) - \left(z_A + \frac{p_A}{\rho g}\right) = \Delta h \tag{5.10}$$

由式(5.9)和式(5.10)可得

$$u = \sqrt{2g\Delta h} \tag{5.11}$$

考虑到水头损失及毕托管在生产中的加工误差,由式(5.11)得出的流速须加以修正。毕托管测速公式为

$$u = c\sqrt{2g\Delta h} = k\sqrt{\Delta h} \tag{5.12}$$

即

$$k = c\sqrt{2g} \tag{5.13}$$

式中   $u$——毕托管测点处的点流速;

$c$——毕托管的修正系数;

$\Delta h$——毕托管全压水头与静压水头之差。

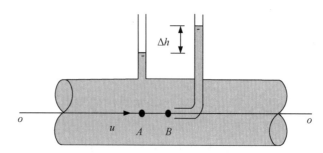

**图 5.10 毕托管测速原理图**

另外,对于管嘴淹没出流,管嘴作用水头 $\Delta H$、流速系数 $\varphi'$ 与流速 $u$ 之间有如下关系

$$u = \varphi' \sqrt{2g \Delta H} \tag{5.14}$$

式中 $u$——测点处的点流速;

$\varphi'$——测点处点流速因数;

$\Delta H$——管嘴的作用水头。

联解式(5.13)和式(5.14)得

$$\varphi' = c \sqrt{\Delta h / \Delta H} \tag{5.15}$$

所以只要测出 $\Delta h$ 与 $\Delta H$,即可测得点流速系数 $\varphi'$,与实际流速系数($\varphi' = 0.995$)进行比较,便可获得测量精度。

可用式(5.16)对毕托管系数 $c$ 进行标定

$$c = \varphi' \sqrt{\Delta H / \Delta h} \tag{5.16}$$

### 5.4.4 实验方法与步骤

扫码观看:
毕托管测速
实验视频

(1)将毕托管动压孔口对准管嘴中心,在距离管嘴出口处约 2~3 cm,使总水头测孔中心线位于管嘴中心线上,然后固定毕托管。

(2)打开仪器开关并调节流量至最大,使得高低水位水箱出现溢流;排除毕托管及各连通管中的气体,用静水匣罩住毕托管,检查测压管液面是否齐平,否则必须重新排气。

(3)测试并记录数据,记录毕托管系数 $c$ 和 4 根测压管读数,改变高位水箱水位(高、中、低),得到不同的管嘴出流速度,并记录数据。

(4)已知实验装置的点流速系数经验值为 0.995,通过实验对毕托管系数 $c$ 进行标定。

(5)定性分析,分别沿垂直方向和管嘴中心线横向移动,观察管嘴淹没射流的速度分布特征。从测压管③和④的读数值可以看出射流边缘位置与射流中心位置的 $\Delta h$ 相比较小,射流中心流速大。

**注意:**实验过程中,恒压水箱内水位要求始终保持在溢流状态,确保水头恒定。

### 5.4.5　实验分析与讨论

（1）测点流速系数 $\varphi'$ 是否小于 1？为什么？

（2）毕托管测量水流速度的范围为 $0.2\sim2\ \text{m/s}$，轴向安装偏差小于 $10°$，试分析其原因。

（3）毕托管的工程应用有哪些?

## 5.5　能量方程实验

### 5.5.1　实验目的

（1）验证流体恒定总流的能量方程。

（2）定性观察有压管流中动水力学的能量转换规律。

（3）掌握流速水头、总水头等水力学水力要素的测量和计算方法，并绘制最大流量下的测压管水头线和总水头线。

### 5.5.2　实验装置

实验装置及各部分名称如图 5.11 所示。

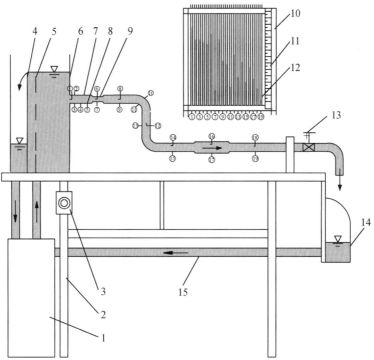

扫码观看：
能量方程实
验装置

1—自循环供水器；2—实验在台；3—可控硅无级调速度器；4—溢流板；5—稳水孔板；
6—恒压水箱；7—实验管道；8—测压点①～⑲；9—弯针毕托管；10—测压计；
11—滑动测量尺；12—测压管①～⑲；13—流量调节阀；
14—回水漏斗；15—回水管

**图 5.11　能量方程实验装置示意图**

**1. 测压管**

(1) 毕托管测压管(图 5.11 中连接测点①、⑥、⑧、⑫、⑭、⑯、⑱的测压管),用来定性显示测读总水头。

(2) 普通测压管(图 5.11 中连接测点②、③、④、⑤、⑦、⑨、⑩、⑪、⑬、⑮、⑰、⑲的测压管),用来定量测量测压管水头。

**2. 装置说明**

(1) 流量测量:称重法或体积法。

称重法或体积法是在某一固定的时段内,计算流过水流的重量或体积,而后换算成流量。时间单位用秒计,用电子秤称重,小流量时也可以用量筒测量流体体积。为保证测量精度,一般计时大于 15～20 s。

(2) 流速测量。

弯针管毕托管用于测量管道内的点流速,原理见 5.4.3 节。本装置中的弯针直径为 $\phi 1.6~\text{mm} \times 1.2~\text{mm}$(内径×外径)。实验时需要开孔的切平面与来流方向垂直,弯针管毕托管的弯角 90°～180°均不影响测流速度精度,如图 5.12 所示。

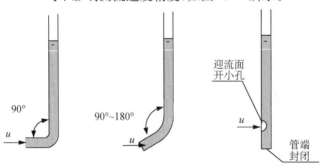

**图 5.12　弯针管毕托管类型**

(3) 测压点。

本仪器测压点有两种。

① 总水头测压点。图 5.11 中测点①、⑥、⑧、⑫、⑭、⑯、⑱(后文叙述中用加 * 表示),与测压计的测压管连接后,用以测量毕托管探头对准的总水头值,近似代替所在断面的平均总水头值,可用于定性分析,但不能用于定量计算。

② 普通测压点。图 5.11 中测点②、③、④、⑤、⑦、⑨、⑩、⑪、⑬、⑮、⑰、⑲,与测压计的测压管连接后,用以测量相应测点的测压管水头值。

(4) 测点所在管段直径。

测点⑥*、⑦所在喉管段直径为 $d_2$,测点⑯*、⑰所在扩管段直径为 $d_3$,其余直径为 $d_1$。

### 5.5.3　实验原理

在图 5.13 所示的实验管段中沿管内水流方向取 $n$ 个过水断面,可以列出进口断面 1

至另一断面 $i$ 的能量方程（$i = 2, 3, \cdots, n$）

$$Z_1 + \frac{p_1}{\rho g} + \frac{v_1}{2g} = Z_i + \frac{p_i}{\rho g} + \frac{v_i}{2g} + h_{w1-i} \qquad (5.17)$$

选好基准面,从已设置的各断面的测压管中读出 $Z + \dfrac{p}{\rho g}$ 值,测出通过管路的流量,即可计算出断面平均流速 $v$ 及 $\dfrac{\alpha v^2}{2g}$（令 $\alpha = 1$）,从而可得到各断面测压管水头和总水头。

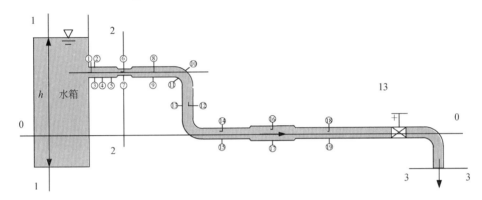

**图 5.13　实验管道系统图**

## 5.5.4　实验方法与步骤

（1）观察实验装置上的①～⑲测压管和测压点,熟悉哪些是总水头测压管和测压点,哪些是普通测压管和测压点,记录各测点管径。

（2）打开供水水箱开关,反复开关流量调节阀,排除管道内气体或测压管内气泡。待恒压水箱充水并溢流时,关闭流量节阀,检查所有测压管水面是否平齐,如果平齐就验证了同一静止液体的测压管水头线是否为水平线,如果不是,需要再次排气。

（3）打开流量节阀并观察测压管液面的变化,当⑲号测管液面接近标尺零点时停止调节阀门,观察并进行分析:

① 观察毕托管测点①*,⑥*,⑧*,⑫*,⑭*,⑯*,⑱*的测压管水位（浅红色液体表示）,如图 5.14 所示,可以定性分析总水头沿流程只会减少,能量损失不可逆的变化趋势。

② 观察图 5.14 所示的浅蓝色测压管,即测压点②,④,⑤,⑦,⑨,⑩,⑪,⑬,⑮,⑰,⑲的测压管水位,可知测压管的液面沿流程有升有降,表明测压管水头线沿流程可升也可降。

③ 观察同一断面上两个测点②和③的测压管水头是否相同,验证均匀流断面上动水压强按静水压强规律分布。观察测点②、④和⑤的测管液面高度变化可以发现其沿程水头损失在等直径管道上,距离相等,损失也相等的变化规律。

④ 观察测压管水头线的变化规律。观察测点⑤、⑦和⑨所在流段的管径先收缩后扩大,流速先由小增大再减小。测管⑦的液位与测管⑤相比发生了陡降,说明水流从测点

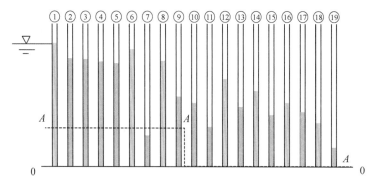

图 5.14　测压管水位示意图

⑤流至测点⑦时有部分压力势能转化成了流速动能。而测管⑦到测管⑨测管水位又升高了,和前述现象相反,说明有部分动能又转化成了压力势能。

⑤ 观察测压管水头线判断管道沿程压力分布。测压管水头线位于管轴线之上时为正压,低于管轴线时该处管道处于负压,出现了真空,高压和真空状态都容易使管道发生破坏。图 5.14 中测点⑦的测管液面低于管轴线,说明该处管段承受负压(真空);测点⑨的液位高出管轴线,说明该处管段承受正压。

(4) 待流量稳定后读取普通测压管液面读数,测量流量,并记录第 1 次实验数据。继续调节流量(由大到小),待流量稳定后测记第 2 和第 3 组数据。

### 5.5.5　实验分析与讨论

(1) 根据实验分析测压管水头线和总水头线的变化趋势有何不同? 为什么?

(2) 阀门开大,使流量增加,测压管水头线有何变化? 为什么?

(3) 测点②、③和测点⑩、⑪的测压管读数分别说明了什么问题,为什么在绘制总水头线时,测点⑩和⑪应舍弃?

(4) 观察处于弯管急变流断面上的 2 个测点⑩和⑪的测压管水头值是否相等? 分析急变流断面是否满足能量方程的使用条件?

(5) 由毕托管测量显示的总水头线与实测绘制的总水头线一般都有差异,分析其原因。

(6) 指出何处产生沿程水头损失和局部水头损失,如何测定?

## 5.6　动量方程实验

动量方程是自然界动量守恒定律在流体运动中的具体表现,反映了流体动量变化与作用力之间的关系,作用于控制体内流体上的外力,等于控制体在单位时间内沿外力方向净流出的动量(流出与流入的动量之差)。

### 5.6.1　实验目的

（1）通过动量方程实验,进一步掌握流体动力学的动量守恒定律,验证不可压缩流体恒定总流的动量方程,进而测定水的射流对平板的冲击力,测得动量修正系数。

（2）了解活塞式动量方程实验仪的原理和构造,掌握实验操作方法。

### 5.6.2　实验装置

实验装置及各部分名称如图 5.15 所示。

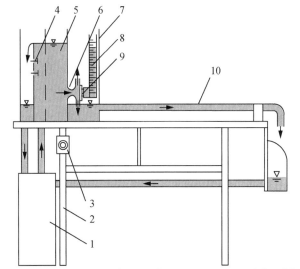

扫码观看:
动量方程实
验装置

1—自循环供水器;2—实验台;3—可控硅无级调速器;4—水位调节阀;
5—恒压水箱;6—管嘴;7—集水箱;8—带活塞套的测压管;
9—带活塞和翼片的抗冲平板;10—上回水管

**图 5.15　动量方程实验装置示意图**

本实验装置由自循环供水装置(离心式水泵和蓄水箱)、可控硅无级调速器、管嘴、带活塞套的测压管、带活塞和翼片的抗冲平板、水位调节阀和实验台等组成。水泵开启后水流经供水管至恒压水箱,流经管嘴 6 的水流形成射流,冲击带活塞和翼片的抗冲平板 9,然后以与入射角成 90°的方向离开抗冲平板,待射流冲力和测压管 8 中的水压力相等,即处于平衡状态。活塞形心处水深 $h_c$ 可由测压管 8 测得,从而求得射流的冲力 $F$。溢流水经回水管流回蓄水箱。

### 5.6.3　实验原理

该实验仪以作用于活塞上的水压力来抗衡射流对平板冲击所产生的动量力,将动量力的测量转换为流体内点压强的测量。还设计可能使水压力自动与动量力相平衡以及有效消除活塞滑动摩擦力的特殊结构。其具有特种构造的平板型受力体,能精确地引导射流的出流方向垂直于来流方面,并采用低水头自循环有机玻璃水箱,取代高作用水头、需水量大、能耗高的供水系统。

为了自动调节测压管内的水位,使带活塞的平板受力平衡并减小摩擦阻力对活塞的影响,本实验装置应用了自动控制的反馈原理和动摩擦减阻技术,其构造及受力情况如图 5.16、图 5.17 所示。

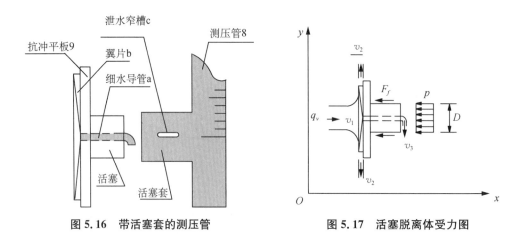

图 5.16　带活塞套的测压管　　　　　图 5.17　活塞脱离体受力图

图 5.16 中,带活塞和翼片的抗冲平板 9 和带活塞套的测压管 8,该图是活塞退出活塞套时的分部件示意图。活塞中心设有一细导水管 a,进口端位于平板中心,出口端伸出活塞头部,出口方向与轴向垂直。在平板上设有翼片 b,活塞套上设有窄槽 c。

工作时,活塞置于活塞套内,沿轴向可以自由滑移。在射流冲击力作用下,水流经导水管 a 向测压管 8 加水。当射流冲击力大于测压管内水柱对活塞的压力时,活塞内移,泄水窄槽 c 关小,水流外溢减少,使测压管 8 水位升高,活塞所受的水压力增大。反之,活塞外移,窄槽开大,水流外溢增多,测压管 8 水位降低,水压力减小。在恒定射流冲击下,经短时段的自动调整后,活塞处在半进半出、窄槽部分开启的位置上,过细导水管 a 流进测压管的水量和过泄水窄槽 c 外溢的水量相等,测压管中的液位达到稳定。此时,射流对平板的冲击力和测压管中水柱对活塞的压力处于平衡状态,如图 5.17 所示。活塞形心处水深 $h_c$ 可由测压管 8 的标尺测得,由此可求得活塞的水压力,此力就是射流冲击平板的冲击力 $F$。

取脱离体如图 5.17 所示,平衡时的恒定总流动量方程为

$$F = \rho Q(\beta_2 \boldsymbol{v}_2 - \beta_1 \boldsymbol{v}_1) \tag{5.18}$$

因滑动摩擦阻力水平分力 $F_f < 0.5\% F_x$,可忽略不计,故 $x$ 方向的动量方程可化为

$$F_x = -p_c A = -\rho g h_c \frac{\pi}{4} D^2 = \rho Q(0 - \beta_1 v_{1x}) \tag{5.19}$$

即

$$\beta_1 \rho Q v_{1x} - \rho g h_c \frac{\pi}{4} D^2 = 0 \tag{5.20}$$

式中　$h_c$ ——作用在活塞形心处的水深,单位为 $10^{-2}$ m;

　　　$D$ ——活塞的直径,单位为 $10^{-2}$ m;

$Q$ ——射流的流量,单位为 $10^{-6}\ \mathrm{m^3/s}$;

$v_{1x}$ ——射流的速度,单位为 $10^{-2}\ \mathrm{m/s}$;

$\beta_1$ ——动量修正系数。

　　在实验中,平衡状态下,只要测得流量 $Q$ 和活塞形心水深 $h_c$,将管嘴直径 $d$ 和活塞直径 $D$,代入上式(5.20)即可测定射流的动量修正系数 $\beta_1$ 值。其中,测压管的标尺零点已固定在活塞圆心处,因此液面标尺读数即为作用在活塞圆心处的水深。

## 5.6.4　实验方法与步骤

　　(1) 了解实验装置各部分名称、结构特征、作用性能,记录有关常数。

　　(2) 开启水泵供水,待水流冲击翼轮,观察翼轮转动情况,如翼轮转动不畅或不转,将影响实验结果。可用 4B 铅笔芯涂抹活塞及活塞套表面来排除此故障。

　　(3) 待恒压水箱至最高水位且出现溢流后,利用电磁流量计或重量法测量流量 $Q$,并读取作用在活塞形心处的水深 $h_c$,记录第 1 次数据。

　　(4) 转动水位调节阀打开不同高度上的溢水孔盖,使恒压水箱至中水位或低水位,待液面稳定后,分别测试两次水位下的流量 $Q$ 和 $h_c$,记录第 2 次和第 3 次数据。

扫码观看:动量方程实验操作指导视频

## 5.6.5　实验分析与讨论

　　(1) 带翼片的平板在射流作用下获得力矩,这对分析射流冲击无翼片的平板沿 $x$ 方向的动量方程有无影响?为什么?

　　(2) 通过细导水管的分流,其出流角度与 $v_2$ 相同,试问对以上受力分析有无影响?

## 5.6.6　虚拟实验

　　动量方程实验虚拟实验操作界面截图如图 5.18 所示,虚拟实验网址为:http://lx-lab. tongji. edu. cn/vlab/vlab. oms?omsv=list&cid=4。

扫码进入动量方程实验虚拟实验系统

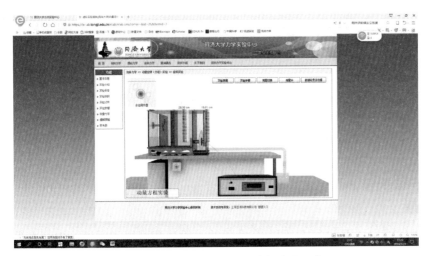

图 5.18　动量方程实验虚拟实验操作界面截图

## 5.7 雷诺演示实验

### 5.7.1 实验目的

（1）观察层流、紊流的流态及其转换过程。

（2）测定临界雷诺数，掌握圆管流态判别方法，再现雷诺实验全过程。

（3）学习应用无量纲参数进行实验研究的方法，并了解其实用意义。

### 5.7.2 实验装置

实验装置及各部分名称如图 5.19 所示。开关由无级调速器 3 调控，使恒压水箱 4 始终保持微溢流的程度，以提高进口前水体稳定度。本恒压水箱设有多道稳水隔板，可使稳水时间缩短到 3～5 min。有色水经有色水管 5 注入实验管道 8，根据有色水散开与否判别流态。为防止自循环水污染，有色指示水采用自行消色的专用色水。可用调节阀 9 调节流量大小。

扫码观看：
雷诺实验装置

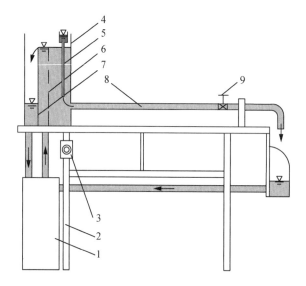

1—自循环供水器；2—实验台；3—可控硅无级调速器；4—恒压水箱；
5—有色水管；6—稳水孔板；7—溢流板；8—实验管道；9—实验流量调节阀

**图 5.19　雷诺实验装置示意图**

### 5.7.3 实验原理

1883 年，雷诺(Osborne Reynolds)用一个简单的试验装置观察到了液流中存在着层流和紊流两种流态：当流速较小时，水流呈有序的直线运动，流层间没有质点混掺，这种流态称为层流；当流速增大时，流层间质点互相混掺做无规则运动，这种流态称为紊流。具体的流动是紊流还是非紊流(层流),需用 $Re = \dfrac{v \cdot d}{\nu}$ 加以判别,其物理意义为惯性力与黏滞力之比。

圆管雷诺数为

$$Re = \frac{v \cdot d}{\nu} = \frac{4Q}{\pi d \nu} = KQ \qquad (5.21)$$

式中　$v$ ——流体流速,单位为 $10^{-2}$ m/s;

　　　$\nu$ ——流体运动黏度,单位为 $10^{-6}$ m$^2$/s;

　　　$d$ ——圆管直径单位为 $10^{-2}$ m;

　　　$Q$ ——圆管内过流流量,单位为 $10^{-6}$ m$^3$/s;

　　　$K$ ——计算常数, $K = \dfrac{4}{\pi d \nu}$。

雷诺发现临界流速随管径 $d$ 和运动黏滞系数 $\nu$ 而变化,但 $\dfrac{v_c d}{\nu}$ 值却较为固定,$Re_c$ 表示,即

$$Re_c = \frac{v_c d}{\nu} \qquad (5.22)$$

当流量由大逐渐变小,流态从湍流变为层流,对应一个下临界雷诺 $Re_c$;下临雷诺数 $Re_c$ 值比较稳定,经反复测试,雷诺测得圆管水流下临界雷诺数 $Re_c = 2\,320$。因此一般以下临界雷诺数作为判别流态的标准。当 $Re < Re_c = 2\,320$ 时,管中液流为层流。

当流量由零逐渐增大,流态从层流变为湍流,对应一个上临界雷诺数 $Re_c'$,但是上临界雷数受外界干扰,数值不稳定。当 $Re > Re_c = 2\,320$ 时,管中液流为紊流。

### 5.7.4　实验方法与步骤

**1. 定性观察两种流态**

启动水泵供水,使水箱充水至溢流状态,待稳定后,适当调节流量调节阀,观察层流和紊流,改变阀门开度来实现水流从稳定直线到稳定略弯曲、直线摆动、直线抖动、断续,最后到完全散开的变化过程,如图 5.20 和图 5.21 所示。

扫码观看:
雷诺演示实验视频

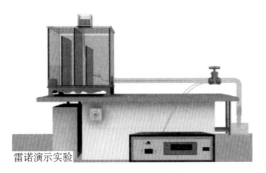

图 5.20　层流流态

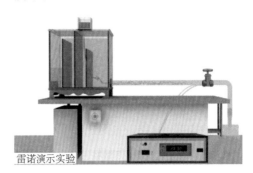

图 5.21　紊流流态

**2. 测定临界雷诺数**

（1）测定下临界雷诺数。将调节阀打开，使管中呈完全紊流，再逐步关小调节阀使流量调节到使颜色水在全管刚呈现出一稳定直线时，即为下临界状态；用体积法测定流量，计算下临界雷诺数，并与公认值（2 320）比较，若偏离过大，则需重测；同时记录水温，从而求得水的运动黏度。重新打开调节阀，使其形成完全紊流，按照上述步骤重复测量不少于3次。

**注意**：观测流段为中间部分管段，采用从上至下俯视或用白色板挡在实验管段一侧的方法来观测，有色水束显示得比较明显；关小阀门过程中，只许渐小，不许开大。

（2）测定上临界雷诺数。先调节管中流态出现层流，再逐渐开大调节阀，当颜色水流刚好散开混掺时，表明由层流刚好转为紊流，即为上临界状态；用体积法测量流量，记录水温，计算上临界雷诺数，测定上临界雷诺数 1～2 次。调节过程中调节阀只可开大，不可关小。

### 5.7.5  实验分析与讨论

（1）分析层流和紊流在运动特性和动力学特性方面有什么特征。

（2）试结合动机理实验的观察，分析由层流过渡到紊流的机理。

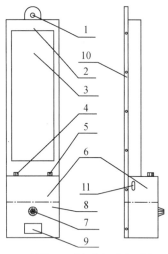

1—挂孔；2—彩色有机玻璃面罩；
3—不同边界的流动显示面；
4—掺气量调节阀；5—加水孔孔盖；
6—蓄水箱；7—可控硅无级调速旋钮；
8—电器、水泵室；9—标牌；
10—铝合金框架后盖；11—水位观测窗

**图 5.22  结构示意图**

## 5.8  流态演示实验

### 5.8.1  实验目的

（1）观察流体在紊流状态下绕不同固体边界的流动现象，加深对各种流动现象的认识和理解。

（2）观察管流、射流、明渠流中的多种流动现象；理解局部阻力、绕流力、柱体绕流振动的发生机理。

### 5.8.2  实验装置

实验装置及各部分名称如图 5.22 所示，不同过流断面示意如图 5.23 所示。

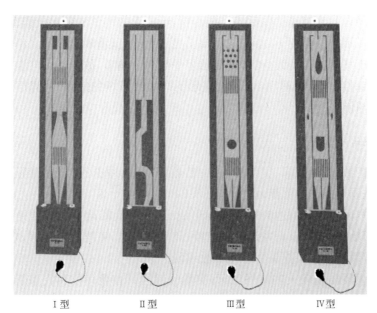

Ⅰ型　　　　Ⅱ型　　　　Ⅲ型　　　　Ⅳ型

Ⅰ型:管道渐扩、渐缩、突扩、突缩、壁面冲击及直角弯道;
Ⅱ型:30°弯头、直角圆弧弯头、直角弯头、45°弯头及非自由射流流段;
Ⅲ型:明渠渐扩、单圆柱绕流、多圆柱绕流及直角弯道;
Ⅳ型:明渠渐扩、桥墩形钝体绕流、流线体绕流、直角弯道和正反流线体绕流

**图 5.23　显示过流断面示意图**

### 5.8.3　实验原理

本装置用气泡做示踪介质,显示图像清晰、稳定。狭缝流道中设有特定边界流场,用以显示内流、外流等不同边界的流动图谱。如图 5.22 所示,半封闭状态下的工作液体

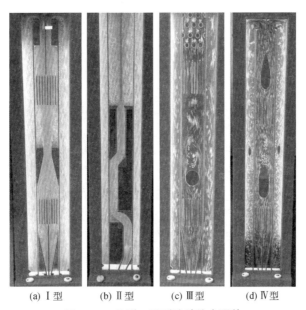

(a) Ⅰ型　　(b) Ⅱ型　　(c) Ⅲ型　　(d) Ⅳ型

**图 5.24　Ⅰ型~Ⅳ型流动流态照片**

（水）由水泵驱动自蓄水箱经掺气后流经显示板，形成无数小气泡随水流流动，在仪器内的日光灯照射和显示板的衬托下，小气泡发出明亮的折射光，清晰地显示出小气泡随水流流动的图像。由于气泡的粒径大小、掺气量的多少可自由调节，故能使小气泡相对水流流动具有足够的跟踪性，可十分鲜明、形象地显示不同边界流场的迹线、边界层分离、尾流、旋涡等多种流动图谱。

### 1. Ⅰ型流动演示仪

显示逐渐扩散、逐渐收缩、突然扩大、突然收缩、壁面冲击、直角弯道等平面上的流动图像，模拟串联管道纵剖面流谱，流态如图 5.24(a) 所示。

在逐渐扩散段可看到由边界层分离而形成的旋涡，且靠近上游喉颈处，流速越大，涡旋尺度越小，紊动强度越高；而在逐渐收缩段，流动无分离，流线均匀收缩，亦无旋涡，由此可知，逐渐扩散段局部水头损失大于逐渐收缩段。

在突然扩大段出现较大的旋涡区，而突然收缩段只在死角处和收缩断面的进口附近出现较小的旋涡区。表明突扩段比突缩段有较大的局部水头损失（缩扩的直径比大于 0.7 时例外），而且突缩段的水头损失主要发生在突缩断面之后。

由于本仪器突缩段较短，故其流谱亦可视为直角进口管嘴的流动图像。在管嘴进口附近，流线明显收缩，并有旋涡产生，致使有效过流断面减小，流速增大，从而在收缩断面出现真空。有多处旋涡区出现在直角弯道和壁面冲击段。在弯道流动中，流线弯曲更剧烈，越靠近弯道内侧，流速越小。且近内壁处，出现明显的回流，所形成的回流范围较大。

旋涡的大小和紊动强度与流速有关，这可通过流量调节观察对比。例如流量减小，渐扩段流速较小，其紊动强度也较小，这时可看到在整个扩散段有明显的单个大尺度涡旋。当流量增大时，这种单个尺度涡旋随之破碎，并形成无数个小尺度的涡旋，且流速越高，紊动强度越大，则旋涡越小，可以看到，每一个质点都在其附近激烈地旋转着。又如，在突扩段，也可看到旋涡尺度的变化。综上所述，紊动强度越大，涡旋尺度越小，水质点间的内摩擦越强，水头损失就越大。

### 2. Ⅱ型流动演示仪

Ⅱ型流动演示仪可以显示 30°弯头、直角圆弧弯头、直角弯头、45°弯头及非自由射流流段纵剖面上的流动图像，流态如图 5.24(b) 所示。

由图 5.24(b) 显示可见，在每一转弯的后面，都因边界层分离而产生旋涡。转弯角度不同，旋涡大小、形状各异，水头损失也不一样。在圆弧转弯段，由于受离心力的影响，主流偏向凹面，凸面流线脱离边壁形成回流。该流动还会显示局部水头损失叠加影响的图谱。

在非自由射流段，射流离开喷口后，不断卷吸周围的流体，会形成射流的紊动扩散。在此流段上还可看到射流的"附壁效应"现象，"附壁效应"对壁面的稳定性有着重要的作用。若把喷口后的中间导流杆当作天然河道里的一侧河岸，则由水流的附壁效应可以看出，主流沿河岸高速流动，该河岸受水流严重冲刷；而在主流的外侧，水流产生高速回旋，使另一侧河岸也受到局部淘刷；在喷口附近的回流死角处，因为流速小，湍流强度小，则可能出现泥沙的淤积。

**3. Ⅲ型流动演示仪**

Ⅲ型流动演示仪可以显示明渠逐渐扩散、单圆柱绕流、多圆柱绕流及直角弯道等流段的流动图像。由显示可见,单圆柱绕流时流体在驻点的停滞现象、边界层分离状况,分离点位置、卡门涡街的产生与发展过程以及多圆柱绕流时的流体混合、扩散、组合旋涡等流谱等,流态如图 5.24(c)所示。

(1) 停滞点:从图 5.24(c)可以看出,流经前驻点的小气泡在驻点上停滞,流速为零,表明在驻点处其动能全部转化为压能。

(2) 边界层分离现象:水流在驻点受阻后向两边流动,水流的流速逐渐增大,动能增大,压能逐渐减小,当水流流经圆柱体的轴线位置时,动能达到最大,压能达到最小;当水流继续向下游流动时,在靠近圆柱尾部的边界上,主流开始与圆柱体分离,称为边界层的分离。边界层分离将引起较大的能量损失。边界层分离后,在分离区的下游形成尾涡区。尾涡区的长度和紊动强度与来流的雷诺数有关,雷诺数越大,紊动越强烈。

(3) 卡门涡街:在圆柱的两个对称点上产生边界层分离后,在圆柱尾部两侧产生两列旋涡并流向下游,形成"卡门涡街",旋涡的能量会被流体的黏性逐渐消耗掉,因此在流过一定距离以后,旋涡就逐渐衰减并消失。

卡门涡街可以使柱体产生一定频率的横向振动,若该频率接近柱体的固有频率,就可能产生共振。实际工程中有很多卡门涡街引起振动的例子。例如,在大风中电线发出的响声就是由于振动频率接近电线的固有频率,产生共振现象而发出的;潜艇在行进中,潜望镜会发生振动;高层建筑(高烟囱等)、悬索桥等在大风中会发生振动。为此,在设计中应予以重视。

(4) 多圆柱绕流:从图 5.24(c)可以看出,流体流经多列小圆柱时,列与列之间的尾涡出现掺混而使紊动更强烈,涡的长度由于受到限制而变短,在第 4 列圆柱后方直接产生交替脱落涡。多圆柱绕流现象被广泛用于热工中的传热系统的"冷凝器"及其他工业管道的热交换器中。流体流经圆柱时,边界层内的流体和柱体发生热交换,柱体后的旋涡则起混掺作用,然后流经下一柱体,再交换再混掺,换热效果较佳。

**4. Ⅳ型流动演示仪**

Ⅳ型流动演示仪可以显示明渠渐扩、桥墩形钝体绕流、流线体绕流、直角弯道和正、反流线体绕流等流段上的流动图谱,流态如图 5.24(d)所示。

桥墩形柱体为圆头方尾的钝形体,水流脱离桥墩后,在桥墩的后部形成一个旋涡区——尾流,在尾流区两侧产生旋向相反且不断交替的旋涡,即卡门涡街。与圆柱绕流不同的是,该涡街的频率具有较明显的随机性。绕流体振动的问题是工程上极为关心的问题。解决绕流体振动、避免共振的主要措施有:改变流速或流向,以改变卡门涡街的频率或频率特性;或者改变绕流体结构形式,以改变绕流体的自振频率,避免共振。

流线体绕流,这是绕流体的最好形式,流动顺畅,形体阻力最小,无旋涡。又从正、反流线体的对比流动可见,当流线体倒置时,也现出卡门涡街。因此,为使过流平稳,应采用顺流而放的圆头尖尾形流线体。

### 5.8.4　实验方法与步骤

实验方法与步骤如下。

（1）打开水泵开关，关闭掺气阀，在最大流速下使显示面两侧下水道充满水。注意开机后需等 1～2 min，待流道气体排净后再进行实验。

（2）旋动调节阀 5，可改变掺气量。注意调节有滞后性，应缓慢、逐次进行，使之达到最佳显示效果。掺气量不宜太大，否则会阻断水流或产生振动。

### 5.8.5　实验分析与讨论

（1）根据实验中的流态观察，分析天然河流的弯道一旦形成，在水流的作用下河道会越来越弯还是逐渐变直。

（2）如何避免绕流体的共振问题？

## 5.9　沿程阻力实验

流体运动过程中，在流体流动的边界条件（几何形状、面积、方向）沿程不变时，均匀分布在流程上，与流程长成正比的阻力称沿程阻力，由此产生的水头损失称沿程水头损失。

### 5.9.1　实验目的

（1）掌握管道沿程阻力系数的测量技术和应用倒 U 形气—水压差计和压差电测仪的方法。

（2）通过实验结果分析圆管层流和紊流的沿程水头损失随平均流速变化的规律，管道沿程损失系数随雷诺数变化的规律。

### 5.9.2　实验装置

实验装置及各部分名称如图 5.25 所示，实验装置主要部分简介如下。

（1）水泵与稳压器：自循环高压恒定全自动供水器 1 由水泵、压力自动限制开关、气—水压力罐式稳压器等组成。压力超高时能自动停机，过低时能自动开机。为避免因水泵直接向实验管道供水而造成的压力波动等影响，水泵的供水是先进入稳压器的压力罐，经稳压后再送向实验管道。

（2）旁通管与旁通阀：由于供水泵设有压力自动限制开关，在供小流量时因压力过高，水泵可能出现断续地自动停、开的现象，为此设有旁通管与旁通阀 13，在小流量实验时，通过旁通管分流可使水泵持续稳定运行。

（3）调节阀：流量调节阀 11 用于调节层流实验流量；供水阀 12 用于检修，实验时始终全开；旁通阀在层流时用于分流（全开），湍流时用于调节实验流量。

（4）实验管道：实验管道 7 为不锈钢管，其测压断面上沿十字型方向设有 4 个测压孔，经过均压环与测点管嘴相连通。

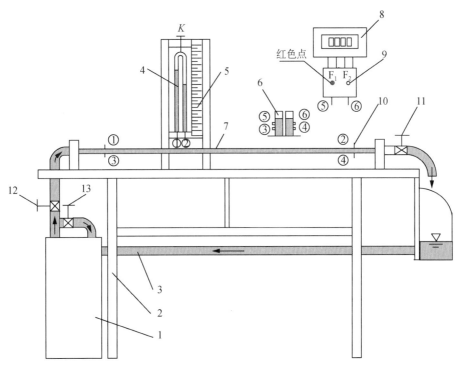

1—自循环高压恒定全自动供水器；2—实验台；3—回水管；4—水压差计；5—滑动测量尺；6—稳压筒；
7—实验管道；8—压差电测仪；9—压差传感器；10—测压点；11—实验流量调节阀；
12—供水管与供水阀；13—旁通管与旁通阀

**图 5.25　沿程水头损失实验装置图**

（5）压差计：本实验仪配有压差计 4（倒 U 形气—水压差计）和压差电测仪 8，压差计测量范围为 $0 \sim 0.3$ mH2O；压差电测仪测量范围为 $0 \sim 10$ mH$_2$O（单位为 $10^{-2}$ mH$_2$O）。压差计 4 与压差电测仪测得的压差值均可等值转换为两测点的测压管水头差，单位为 m。在测压点与压差计之间的连接软管上设有管夹，除湍流实验时管夹关闭外，其他操作时管夹均处于打开状态。

（6）温度计：温度计浸没在水箱 1 中，用于测量水体的温度。

## 5.9.3　实验原理

（1）圆管恒定水流沿程水头损失可由达西公式得到

$$h_f = \lambda \frac{L}{d} \frac{v^2}{2g} \tag{5.23}$$

式中　$\lambda$ ——沿程水头损失系数；

　　　$L$ ——上下游测量断面之间的管段长度；

　　　$d$ ——管段直径；

　　　$v$ ——断面平均流速。

由能量方程可得

$$h_f = (p_1 - p_2)/\gamma = \Delta h \tag{5.24}$$

在实验中,可根据测点①和②的测压管水头差 $\Delta h$ 测得沿程水头损失 $h_f$,继而可得沿程水头损失系数 $\lambda$,即

$$\lambda = \frac{2gdh_f}{L} \cdot \frac{1}{v^2} = \frac{2gdh_f}{L}\left(\frac{\pi}{4}\frac{d^2}{Q}\right)^2 = k\frac{h_f}{Q^2} \tag{5.25}$$

其中

$$k = \pi^2 gd^5/8L \tag{5.26}$$

沿程水头损失 $h_f$ 为两侧点的测压管水头差 $\Delta h$,压差可由水压差计和电子测压仪测得。即层流实验时 $\Delta h$ 由水压差计测得,紊流实验时 $\Delta h$ 可由电子测压仪测得。

(2)圆管层流运动的沿程水头损失系数 $\lambda$ 为

$$\lambda = \frac{64}{Re} \tag{5.27}$$

式中　$Re$ ——雷诺数,且 $Re = \frac{vd}{\nu}$;

　　　$d$ ——管段直径;

　　　$v$ ——断面平均流速;

　　　$\nu$ ——水的运动黏度,可根据水温由式(5.28)求得,即

$$\nu = \frac{0.017\,75}{1 + 0.033\,7t + 0.000\,221t^2} \,(\mathrm{cm^2/s}) \tag{5.28}$$

(3)管壁平均当量粗糙度 $\Delta$ 在流动处于湍流过渡区或阻力平方区时测量,可由巴尔公式确定

$$\frac{1}{\sqrt{\lambda}} = -2\lg\left[\frac{\Delta}{3.7d} + 4.136\,5\left(\frac{\nu d}{Q}\right)^{0.89}\right]$$

即

$$\Delta = 3.7d \times \left[10^{-\frac{1}{2\sqrt{\lambda}}} - 4.136\,5\left(\frac{\nu d}{Q}\right)^{0.89}\right] \tag{5.29}$$

### 5.9.4　实验方法与步骤

**1. 准备工作**

(1)实验前进行压差计连接管排气与压差计补气。启动水泵,全开阀 11 与 12,连续开关旁通阀 13 数次,待水从压差计顶部流过。如果测压管内水柱过高则须要补气,即全开阀门 11、12 和 13,打开压差计 4 顶部气阀 $K$,自动充气使压差计中的右管液位降至底部,立即拧紧气阀 $K$ 即可。

(2)传感器排气。关闭流量调节阀 11,先后将传感器 9 上的排气旋钮 $F_1$ 和 $F_2$ 打开,使旋孔中出水,将两引水管中空气排净后,再旋紧 $F_1$ 和 $F_2$。

(3)调节压差电仪。关闭阀 11 的情况下,管道中充满水但流速为零,此时,电测仪读值应为零,若不为零,则可旋转电测仪面板上的调零电位器,使读值为零。

**2. 实验方法与步骤**

(1)层流实验时,始终全开阀 13,用阀 11 调节流量。层流范围的压差值仅为 2～

扫码观看:
沿程阻力实验操作指导视频

3 cm 以内,夏季压差值不超过 2 cm,层流实验压差由压差计测量,流量用称重法或量体积法测量,记录压差、流量和水温,改变流量,测量 3 组数据。

（2）层流—湍流过渡区实验。继续调大流量,压差计读数大致每次递增 1～2 cm 压差,测试 2 组流量。由于流速加快,需改变流量的施测时间,在不少于 30 s 的时间范围内测算流量,并同步测读压差计读数和测量水体的温度,计算雷诺数,待雷诺数接近 4 000,完成过渡区测量。

（3）湍流实验测量。湍流实验测量时用管夹关闭压差计连通管,压差由数显压差仪测量,流量用智能化数显流量仪测量。全开实验流量调节阀 11,调节旁通阀 13 来调节流量。改变流量 8～10 次,重复上述步骤。其中第一次实验压差 $\Delta H = 50 \sim 100$ cm,逐次增加 $\Delta H = 100 \sim 150$ cm,直至流量最大。流量用智能化数显流量仪测量,记录压差、流量和水温。

### 5.9.5 实验分析与讨论

（1）据实测 $m$ 值判别本实验的流区。

（2）工程中钢管中的流动,大多为光滑紊流或紊流过渡区,而水电站泄洪洞的流动,大多为紊流阻力平方区,其原因何在?

### 5.9.6 虚拟实验

为加速信息技术与实验教学深度融合,我们开发了沿程阻力虚拟实验系统,可以通过鼠标的拖动,点击,来旋转三维模型和进行虚拟实验。沿程阻力虚拟实验根据实际实验特点,很直观地测试在层流和紊流状态下的流量、压差和水温,对实验数据进行处理,得到沿程阻力水头损失因数等结果。实验链接网址为:http://www.truetable.com/tongji/Src/VTest-2-Src.html。虚拟实验操作界面截屏如图 5.26 所示,学习者可在任意时间地点无限制练习。

扫码进入沿程阻力虚拟实验

**图 5.26 沿程阻力实验操作界面截图**

## 5.10 局部阻力实验

实际输水系统的管道或渠道中常设有闸阀、弯道、三通、异径管、格栅等部件或构筑物。在这些局部阻碍处由于固体边界的急剧改变而引起水流速度分布的变化,甚至会引起边界层分离,产生漩涡,从而产生形状阻力和摩擦阻力,即局部阻力,由此产生局部水头损失。

局部水头损失的形式多种多样,引起水流结构的变化也是不同的,只有少数几种情况可用理论结合实验计算,绝大部分断面均须由实验来测定。因此,有必要让学生学习、掌握如何运用实验的方法来测定各种断面形式的水头损失。

### 5.10.1 实验目的

(1) 学会采用三点法、四点法测量局部损失与局部阻力系数。

(2) 对圆管突扩局部阻力系数的理论公式和突缩局部阻力系数的经验公式进行实验验证与误差计算和分析。

### 5.10.2 实验装置

实验装置及各部分名称如图 5.27 所示。

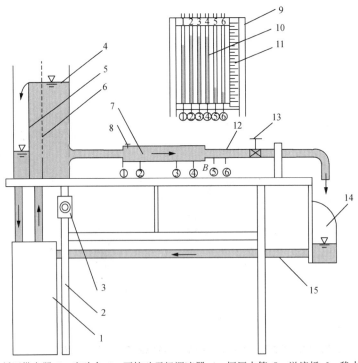

1—自循环供水器;2—实验台;3—可控硅无级调速器;4—恒压水箱;5—溢流板;6—稳水孔板;
7—突然扩大实验管段;8—气阀;9—测压计;10—测压管①~⑥;11—滑动测量尺;12—突然收缩实验管段;
13—实验流量调节阀;14—回流接水斗;15—下回水管

**图 5.27 局部阻力实验装置简图**

### 5.10.3　实验原理

当流体流经管道的突扩、突缩和闸门等处(图 5.28)时,由于局部阻力作功而引起的水头损失用 $h_j$ 表示。从局部阻力前后两断面的能量方程中扣除沿程水头损失,可得到该局部阻力的局部水头损失。如图 5.28 所示,断面 1 至断面 2,这段流程上的总水头损失包括局部水头损失和沿程水头损失。

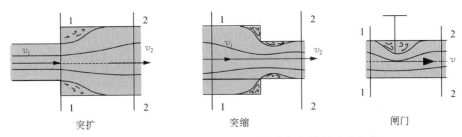

**图 5.28　流体流经管道的突扩、突缩和闸门等处速度变化**

实验中沿程水头损失占总水头损失的 $5\%\sim10\%$,计算中不能忽略沿程水头损失。

#### 1. 突然扩大断面

对于突扩断面采用三点法测量局部水头损失。三点法是在突然扩大管段上布设三个测点,如图 5.30 中测点①、②、③所示。流段①至②为突然扩大局部水头损失发生段,流段②至③为均匀流流段,本实验测点①、②点间距为②、③间距的一半,故 $h_{f1-2}$ 按流长比例换算得出 $h_{f1-2}=h_{f2-3}/2$。

根据实测,建立 1-1,2-2 两断面能量方程

$$Z_1+\frac{p_1}{\gamma}+\frac{\alpha v_1^2}{2g}=Z_2+\frac{p_2}{\gamma}+\frac{\alpha v_2^2}{2g}+h_j+h_{f2-3}/2 \tag{5.30}$$

即

$$h_j=\left[\left(Z_1+\frac{p_1}{\gamma}\right)+\frac{\alpha v_1^2}{2g}\right]-\left[\left(Z_2+\frac{p_2}{\gamma}\right)+\frac{\alpha v_2^2}{2g}+h_{f2-3}/2\right] \tag{5.31}$$

或

$$h_j=\left(h_1+\frac{\alpha v_1^2}{2g}\right)-\left(h_2+\frac{\alpha v_2^2}{2g}+\frac{h_2-h_3}{2}\right)=E^u-E^d \tag{5.32}$$

式中,$E^u$,$E^d$ 分别表示式中的前、后括号项。

因此,只要实验测得三个测压点的测压管水头值 $h_1$、$h_2$、$h_3$ 及流量等即可得突扩段局部阻力水头损失。

若圆管突然扩大段的局部阻力因数 $\zeta$ 用上游流速 $v_1$ 表示为

$$\zeta=h_j/\frac{\alpha v_1^2}{2g} \tag{5.33}$$

对应上游流速 $v_1$ 的圆管突然扩大段理论公式为

$$\zeta = \left(1 - \frac{A_1}{A_2}\right)^2 \tag{5.34}$$

**2. 突然缩小断面**

在突缩断面采用四点法测量。四点法是在突然缩小段上布设四个测点,如图 5.30 中测点③、④、⑤和⑥所示。$B$ 点为突缩断面处,流段④至⑤为突然缩小局部水头损失发生段,流段③至④、⑤至⑥都为均匀流段。流段④、$B$ 点间距是③、④点间距的 $1/2$,$B$、⑤点间距与⑤、⑥点间距相等。$h_{f4-B}$ 由 $h_{f3-4}$ 按长度比例换算得出,$h_{fB-5}$ 由 $h_{f5-6}$ 按长度比例换算得出

$$h_{f4-B} = h_{f3-4}/2 = \Delta h_{3-4}/2$$
$$h_{fB-5} = h_{f5-6} = \Delta h_{5-6} \tag{5.35}$$

建立 $B$ 点突缩前后两断面能量方程为

$$Z_4 + \frac{p_4}{\gamma} + \frac{\alpha v_4^2}{2g} - h_{f4-B} = Z_5 + \frac{p_5}{\gamma} + \frac{\alpha v_5^2}{2g} + h_{fB-5} + h_j \tag{5.36}$$

即

$$h_j = \left[\left(Z_4 + \frac{p_4}{\gamma}\right) + \frac{\alpha v_4^2}{2g} - h_{f4-B}\right] - \left[\left(Z_5 + \frac{p_5}{\gamma}\right) + \frac{\alpha v_5^2}{2g} + h_{fB-5}\right] \tag{5.37}$$

或

$$h_j = \left(h_4 + \frac{\alpha v_4^2}{2g} - \frac{\Delta h_{3-4}}{2}\right) - \left(h_5 + \frac{\alpha v_5^2}{2g} + \Delta h_{5-6}\right)$$
$$= E^u - E^d \tag{5.38}$$

式中,$E^u$,$E^d$ 分别表示式中的前、后括号项。

因此,只要实验测得四个测压点的测压管水头值 $h_3$,$h_4$,$h_5$,$h_6$ 及流量即可得突然缩小段局部阻力水头损失。

若圆管突然缩小段的局部阻力因数 $\zeta$ 用下游流速 $v_5$ 表示

$$\zeta = h_j / \frac{\alpha v_5^2}{2g} \tag{5.39}$$

则对应下游流速 $v_5$ 的圆管突然缩小段局部水头损失经验公式有

$$\zeta = 0.5\left(1 - \frac{A_5}{A_4}\right) \tag{5.40}$$

实验后,实测值与理论值作比较可知实验精度。

## 5.10.4 实验方法与步骤

(1)记录管道直径和长度等数据。

(2)打开电子调速器开关,使恒压水箱充水至溢流,排除实验管道中滞留的气体。全关流量调节阀,检查各测压管液面是否齐平,否则需用吸气球进行排气。

(3)打开流量调节阀至最大流量,待流量稳定后,分别测记各测压管液面读数,同时

测量实验流量。改变流量调节阀开度,按照步骤(3)重复 2～3 遍,记录 3 组数据,实验结束,关闭电源。

### 5.10.5　实验分析与讨论

(1) 结合实验结果,分析比较突扩与突缩在相应条件下的局部水头损失大小关系。

(2) 在管径比变化相同的条件下,圆管突然扩大的水头损失是否一定大于突然缩小的?

### 5.10.6　虚拟实验

虚拟实验的链接网址为 http://www. truetable. com/tongji/Src/VTest-1-Src. html,操作界面截屏如图 5.29 所示。学习者可以通过鼠标的拖动、点击、来旋转三维模型和进行局部阻力虚拟实验操作和录入测试数据及生成实验报告,延伸了学生进行实验练习的时间和空间,方便对实验项目进行预习和回顾。

扫码进入局部阻力虚拟实验

**图 5.29　局部阻力实验操作界面截图**

## 5.11　孔口与管嘴出流实验

### 5.11.1　实验目的

(1) 观察不同管嘴与孔口的出流现象以及直角管嘴出流时的真空情况。

(2) 掌握测量孔口与管嘴出流的流速系数、流量系数、侧收缩系数、局部阻力系数及圆柱形管嘴内的局部真空度的方法。

### 5.11.2　实验装置

实验装置及各部分名称如图 5.30 所示。孔口、管嘴结构剖面如图 5.31 所示。

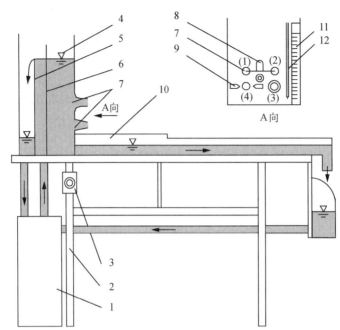

1—自循环供水器；2—实验台；3—可控硅无级调速器；4—恒压水箱；5—溢流板；6—稳水孔板；
7—孔口管嘴[(1)圆角进口管嘴 (2)直角进口管嘴 (3)圆锥形管嘴 (4)孔口]；
8—防溅旋板；9—测量孔口射流收缩直径移动触头；10—上回水槽；11—标尺；12—测压管

**图 5.30　孔口与管嘴出流实验装置图**

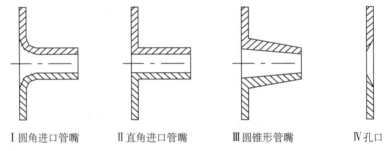

Ⅰ圆角进口管嘴　　Ⅱ直角进口管嘴　　Ⅲ圆锥形管嘴　　Ⅳ孔口

**图 5.31　孔口、管嘴结构剖面图**

### 5.11.3　实验原理

在恒压水头下发生自由出流时孔口管嘴的有关公式为

流量计算
$$Q = \phi \varepsilon A \sqrt{2gH_0} = \mu A \sqrt{2gH_0} \qquad (5.41)$$

式中，$H_0 = H + \dfrac{\alpha v^2}{2g}$，一般因行近流速水头 $\dfrac{\alpha v^2}{2g}$ 很小可忽略不计，所以 $H_0 = H$；

流量系数
$$\mu = \frac{Q}{A\sqrt{2gH_0}} \qquad (5.42)$$

对孔口流量系数 $\mu = 0.60 \sim 0.62$；对于圆柱形外管嘴：$\mu = 0.82$。

$$\text{收缩系数} \qquad \varepsilon = \frac{A_c}{A} = \frac{d_c^2}{d^2} \qquad\qquad (5.43)$$

式中　$A_c$ 和 $d_c$——收缩断面的面积和直径；

$\qquad A$ 和 $d$——孔口(或管嘴)的面积和直径；

$\qquad \varepsilon$——对孔口收缩系数 $\varepsilon = 0.63 \sim 0.64$，对管嘴 $\varepsilon = 1$。

$$\text{流速系数} \qquad \phi = \frac{v_c}{\sqrt{2gH_0}} = \frac{\mu}{\varepsilon} = \frac{1}{\sqrt{1+\zeta}} \qquad\qquad (5.44)$$

对孔口流速系数 $\phi = 0.97 \sim 0.98$；对于圆柱形外管嘴：$\phi = 0.82$。

$$\text{阻力系数} \qquad \zeta = \frac{1}{\phi^2} - 1 \qquad\qquad (5.45)$$

对孔口阻力系数 $\zeta = 0.04 \sim 0.06$；对于圆柱形外管嘴 $\zeta = 0.5$。

实验测得上游恒压水位及各孔口、管嘴的过流量，利用式(5.41)—式(5.45)可计算不同形状断面的孔口、管嘴在恒压、自由出流状态下的各水力系数。

直角进口圆柱形外管嘴收缩断面处的真空度理论值为

$$h_v = \frac{\rho_v}{\rho g} = 0.75H \qquad\qquad (5.46)$$

### 5.11.4　实验方法与步骤

(1) 熟悉实验仪器，记录各种管嘴及孔口尺寸和各出口高程 $z$，各管嘴用橡皮塞塞紧。

(2) 启动开关给恒压水箱供水，待水箱溢流后打开圆角形管嘴 I，待水面稳定后，测定水箱水面高程标尺读数 $H$，用电磁流量计或体积法测量流量 $Q$，观察管嘴水流的流股形态为光滑圆柱，完毕后堵塞圆角形管嘴 I。

扫码观看：
孔口与管嘴
出流实验操
作指导视频

(3) 打开直角进口管嘴 II，按照步骤 2 测量水面高程标尺读数 $H$ 和流量 $Q$，观察和测量直角管嘴出流时的真空度，与经验值 $0.75H_0$ 进行比较并分析原因。观察直角管嘴流股形态为圆柱形麻花状扭变。

(4) 打开圆锥形管嘴 III，按照步骤 2 测量水面高程标尺读数 $H$ 和流量 $Q$，观察圆锥形管嘴水流的流股形态为光滑圆柱。

(5) 打开孔口 IV，观察孔口出流现象，按照步骤 2 测量水面高程标尺读数 $H$ 和流量 $Q$，用游标卡尺测量孔口收缩断面的直径(取 3 次测量的平均值)。改变孔口出流的作用水头(可减少进口流量)，观察孔口收缩断面的直径随水头变化的情况。观察孔口流股形态为有侧收缩的光滑圆柱。

(6) 实验结束，关闭电源。

**注意：** 采用孔口两边的移动触头来测量孔口收缩断面直径。首先松动螺丝，先移动一边触头将其与水股切向接触，并旋紧螺丝，再移动另一边触头，使之切向接触，并旋紧螺丝。再将旋板开关以顺时针方向关上孔口，用游标卡尺测量触头间距，即为射流直径。实验时将旋板置于不工作的孔口或管嘴上,尽量减少旋板对工作孔口、管嘴的干扰。

### 5.11.5 实验分析与讨论

（1）结合观察不同类型管嘴与孔口出流的流股特征,分析流量系数不同的原因及增大过流能力的措施。

（2）观察孔口出流在 $d/H > 0.1$ 时的收缩率与在 $d/H < 0.1$ 时有何不同?

## 5.12 水面曲线演示实验

### 5.12.1 实验目的

（1）观察平坡、倒坡、临界坡、陡坡和缓坡的水流衔接现象。

（2）观察明渠恒定非均匀流在棱柱体渠道中的十二种水面曲线。

### 5.12.2 实验装置

该实验的实验装置和各部分名称如图 5.32 所示。为改变明槽底坡,以演示十二种水面曲线,本实验装置配有新型高比速直齿电机驱动的升降机构 14。按下 14 的升降开关,明槽 6 即绕轴承 7 摆动,从而改变水槽的底坡。坡度值 $i = \Delta z/l_0$, $\Delta z = z - z_0$, $z$ 是升降杆 13 的标尺值,$z_0$ 是平坡时升降杆 13 的标尺值,仪器安装调试后,应使 $z_0 = 0$, $l_0$ 是轴承 7 与升降机上支点的水平间距;平坡可依底坡水准器 9 判定。实验流量由可控硅无级调速器 3 调控,可用重量法(或体积法)对其进行测定。槽身设有两道闸板,用于调控上下游水位,以形成不同水面线型。闸板锁紧轮 11 用来夹紧闸板,使其定位。水深由滑尺 12 测量。

扫码观看:
水面曲线实
验装置

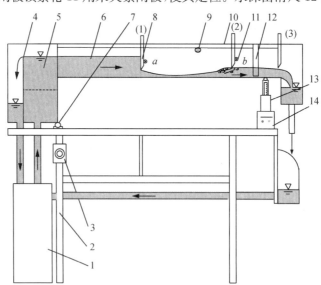

1—自循环供水器;2—实验台;3—可控硅无级调速器;4—溢流板;5—有稳水孔板的恒压供水箱;
6—变坡水槽;7—变坡轴承;8—闸板(1)～(3);9—底坡水准泡;10—长度标尺;
11—闸板锁紧轮 a、b;12—滑尺;13—带标尺的升降杆;14—升降机构

**图 5.32 水面曲线实验装置图**

### 5.12.3 实验原理

明渠渐变流十二种水面曲线依据棱柱形明渠恒定渐变流微分方程式(5.47)来划分。

$$\frac{\mathrm{d}h}{\mathrm{d}s}=i\frac{1-(K_0/K)}{1-Fr^2} \tag{5.47}$$

式中　$h$——水深；

　　　$s$——沿程；

　　　$i$——明渠底坡；

　　　$A$——过水断面面积；

　　　$C$——谢才系数；

　　　$K=AC\sqrt{R}$——非均匀渐变流时实际水深的流量模数；

　　　$K_0=A_0C_0\sqrt{R_0}$——均匀流时的流量模数；

　　　$Fr$——弗劳德数。

根据明渠底坡 $i$，正常水深线 $N$-$N$ 及临界水深线 $C$-$C$ 的位置，将明渠沿纵剖面上的流动空间分成几个区域，分析水面处在各个区域时 $\frac{\mathrm{d}h}{\mathrm{d}s}$ 变化规律，可得出十二种水面曲线形状，如图 5.33 所示。

例如，当实际水深大于正常水深时，即 $h>h_0$，$K=AC\sqrt{R}>K_0=A_0C_0\sqrt{R_0}$，$K_0/K<1$；又因缓流 $Fr<1$，以及 $i>0$，故 $\frac{\mathrm{d}h}{\mathrm{d}s}>0$，水深沿程增加，表明水面曲线为壅水曲线。

实验时，必须先确定平坡和临界坡。平坡可由水准泡或升降标尺值指示，临界底坡可根据式(5.48)计算：

$$i_k=\frac{g\chi_k}{\alpha C_k^2 B_k}$$
$$\chi_k=B_k+2h_k,\ C_k=\frac{1}{n}R_k^{\frac{1}{6}} \tag{5.48}$$
$$h_k=\sqrt[3]{\frac{\alpha Q^2}{g}},\ R_k=\frac{B_kh_k}{B_k+2h_k}$$

式中　$\chi_k$——明渠临界流时的湿周，单位为 m；

　　　$\alpha$——动量修正系数；

　　　$C_k$——明渠临界流时的谢才系数，单位为 $m^{1/2}/s$；

　　　$B_k$——明渠临界流时的槽宽，单位为 m；

　　　$h_k$——明渠临界流时的水深，单位为 m；

　　　$R_k$——明渠临界流时的水力半径，单位为 m；

　　　$n$——明渠边壁的粗糙率。

五种坡度下的 12 条水面曲线图如图 5.33 所示、曲线演示图如图 5.34 所示。

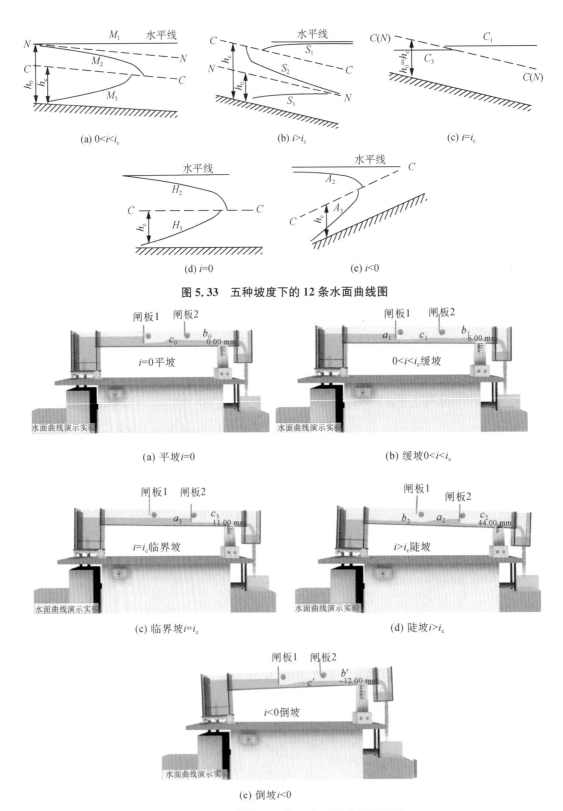

(a) $0<i<i_c$
(b) $i>i_c$
(c) $i=i_c$

(d) $i=0$
(e) $i<0$

图 5.33　五种坡度下的 12 条水面曲线图

(a) 平坡 $i=0$
(b) 缓坡 $0<i<i_c$

(c) 临界坡 $i=i_c$
(d) 陡坡 $i>i_c$

(e) 倒坡 $i<0$

图 5.34　五种坡度下的 12 条水面曲线演示图

### 5.12.4 实验方法与步骤

(1) 启动水泵,流量调到最大,测定流量 $Q$ 并计算 $i_k$ 值和 $\Delta Z_c$ 值($\Delta Z_c = i_k \cdot l_0$)。$\Delta Z_c$ 为升降杆 13 的标尺值,$l_0$ 为轴承 7 与升降机上支点间的水平距离。

(2) 调节底坡使 $i = 0$,调控上闸门开度,使之形成如图 5.34(a)中 $i = 0$ 时的 $b_0$、$c_0$ 型水面曲线。

(3) 按照步骤 2,调节升降机构 14,改变底坡形式,调节相应上、中闸板,使之形成如图 5.34 所示的其他十种水面曲线。

扫码观看:水面曲线实验演示操作视频

### 5.12.5 实验分析与讨论

(1) 在进行缓坡或陡坡实验时有三个区域不同形式的水面曲线,而临界坡只出现两个区域的水面曲线,为什么?

(2) 临界流水面易波动的原因是什么?

## 5.13 明渠堰流实验

水利工程中为了泄水或引水,常修建水闸或溢流坝等建筑物,以控制河流或渠道的水位及流量。水流受闸门控制而从闸门下缘孔口流出时,这种水流状态叫做闸孔出流(孔流)。

当顶部闸门完全开启,水流从建筑物顶部自由下泄,这种水流状态称为堰流。堰流和孔流是两种不同的水流现象。它们的不同点在于堰流的水面线为一条光滑曲线且过水能力强,而孔流的闸孔上、下游水面曲线不连续且过水能力弱。它们的共同点是壅高上游水位,在重力作用下形成水流运动;明渠急变流在较短范围内流线急剧弯曲,有离心力;出流过程的能量损失主要是局部损失。

### 5.13.1 实验目的

(1) 掌握测量薄壁堰、实用堰和宽顶堰堰流的水力特征、功能和流量的计算方法,观察不同堰的水流现象,并分析下游水位变化对宽顶堰过流能力的影响。

(2) 学会测量宽顶堰的流量系数 $m$ 和淹没系数 $\sigma_s$。

### 5.13.2 实验设备

该实验的实验装置和各部分名称如图 5.35 所示,实验装置主要部件介绍如下。

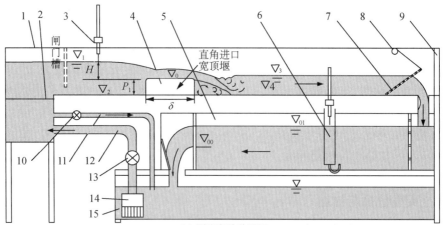

(a) 堰流实验装置图

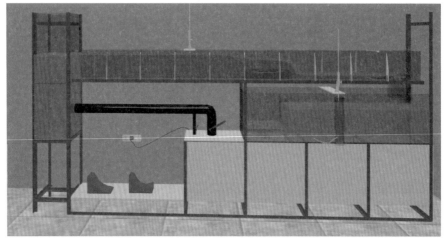

(b) 3D堰流实验装置图

1—有机玻璃实验水槽;2—稳水孔板;3—可移动水位测针;4—实验堰;5—三角堰量水槽;
6—三角堰水位测针与测针筒;7—多孔尾门;8—尾门升降轮;9—支架;10—旁通管微调阀门;
11—旁通管;12—供水管;13—供水流量调节阀门;14—水泵;15—蓄水箱

**图 5.35   明渠堰流实验装置**

### 1. 水位测针测量水位

水位测针结构如图 5.36 所示,测针杆是可以上下移动的标尺杆,测量时固定在支架套筒中,套筒上附有游标,测量读数类似游标卡尺,精度为 0.1 mm。测针杆尖端为与水面接触点,测量过程中,不宜松动支座或旋动测针。在测量时,测针尖应自上而下逐渐接近水面,当水位略有波动时,可多次测量后取平均值。测量恒定水位时,测针可直接安装,如图 5.35 中测针 3;也可通过测针筒间接安装,如测针与测针筒 6。堰上下游与三角堰量水槽水位分别用测针 3 与 6 量测。移动测针 3 可在槽顶导轨上移动,导轨的纵向水平度在安装调试后应不大于±0.15 mm。

### 2. 直角三角形薄壁堰测量流量

本实验采用如图 5.37(b)所示的直角三角形薄壁堰测量流量,采用汤普森(Thompson)经验公式计算

$$Q = 1.4H^{2.5} \text{(m}^3/\text{s)} \qquad (5.49)$$

式中,$H$ 为堰上作用水头,单位为 m,适用范围 $0.05\ \text{m} < H < 0.25\ \text{m}$,$P \geqslant 2H$,$B \geqslant (3\sim4)H$。测量位置在堰上游 $(3\sim5)H$ 处,如图 5.37(a)所示。

为消除堰加工误差,对本实验装置中的三角形薄壁堰进行了流量测定,采用以下公式计算

$$Q = A(\Delta h)^B \qquad (5.50)$$

$$\Delta h = \nabla_{01} - \nabla_{00} \qquad (5.51)$$

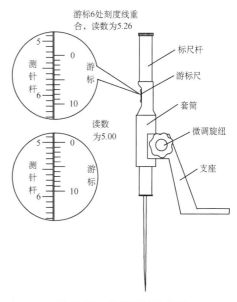

**图 5.36 水位测针结构图**

式中 $\nabla_{01}$、$\nabla_{00}$——三角堰堰顶水位(实测)和堰顶高程(实验时为常数);

$A$、$B$ ——率定常数,直接标明于设备铭牌上。

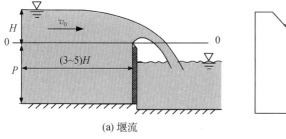

(a) 堰流

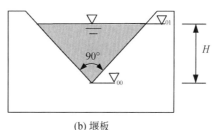

(b) 堰板

**图 5.37 三角形薄壁堰**

## 5.13.3 实验原理

堰可根据堰墙厚度或顶长 $\delta$ 与堰上水头 $H$ 的比值不同而分成薄壁堰($\delta/H < 0.67$)、实用堰($0.67 < \delta/H < 2.5$)和宽顶堰($2.5 < \delta/H < 10$)。 实验时,需检验 $\delta/H$ 是否在实验堰的相应范围内。

### 1. 自由/淹没出流流量计算公式

自由出流流量计算公式

$$Q = mb\sqrt{2g}H_0^{1.5} \qquad (5.52)$$

式中 $m$ ——堰流流量系数;

$H_0 = H + \dfrac{v_0^2}{2g}$ ——堰上总作用水头，$H$ 为堰上作用水头，单位为 m；

$b$ ——渠宽，单位为 m。

由自由出流流量公式知，只要测得 $Q$、$H_0$，即可得出堰流流量系数 $m$ 值。

淹没出流流量计算公式

$$Q = \sigma_s mb\sqrt{2g}\, H_0^{1.5} \tag{5.53}$$

式中，$\sigma_s$ 为堰流淹没系数。

### 2. 堰流流量系数经验公式

（1）圆角进口宽顶堰。

$$m = 0.36 + 0.01\,\frac{3 - P_1/H}{1.2 + 1.5P_1/H} \quad (\text{当 } P_1/H \geqslant 3 \text{ 时}, m = 0.36) \tag{5.54}$$

式中　$P_1$——上游堰高，单位为 m；

$H$——堰上作用水头，单位为 m。

（2）直角进口宽顶堰。

$$m = 0.32 + 0.01\,\frac{3 - P_1/H}{0.46 + 0.75P_1/H} \quad (\text{当 } P_1/H \geqslant 3 \text{ 时}, m = 0.32) \tag{5.55}$$

本实验中需测量渠宽 $b$、上游渠底高程 $\nabla_2$、堰顶高程 $\nabla_0$、宽顶堰厚度 $\delta$、上游水位 $\nabla_1$ 及流量 $Q$。并按下列各式计算确定上游堰高 $P_1$、行近流速 $v_0$、堰上作用水头 $H$ 和总作用水头 $H_0$，计算采用式(5.56)，计算时令 $\alpha_0 = 1$。

$$
\begin{aligned}
P_1 &= \nabla_0 - \nabla_2, \quad v_0 = \frac{q_v}{b(\nabla_1 - \nabla_2)} \\
H &= \nabla_1 - \nabla_0, \quad H_0 = H + \frac{\alpha_0 v_0^2}{2g}
\end{aligned}
\tag{5.56}
$$

### 3. 不同堰的水流现象

（1）直角进口宽顶堰。

首先介绍直角进口宽顶堰（$2.5 < \delta/H < 10$）的水流现象，当 $4 < \delta/H < 10$ 时，图 5.38 所示为宽顶堰堰流的典型形态。当 $2.5 < \delta/H < 10$ 时，堰顶只有一次跌落，且无收缩断面。若下游水位不影响堰的过流能力，称为宽顶堰的自由出流；在流量不变条件下，若上游水位受下游水位顶托而抬升，这时下游水位已影响堰的过流能力，称为宽顶堰的淹没出流。可调节尾门改变尾水位高度，可形成自由出流或淹没出流的实验流态。

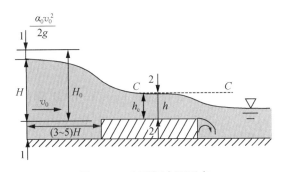

图 5.38　宽顶堰水面形态

（2）无坎宽顶堰。

观察无坎宽顶堰的俯视图和水面形态分别如图 5.39 和图 5.40 所示。两侧模型分别被浸湿了的吸盘紧紧吸附于有机玻璃槽壁上。由于侧收缩的影响,在一定的流量范围内水流呈现两次跌落的形态,与宽顶堰形态相似。工程中平底河道的闸墩、桥墩的流动均属此种堰型。

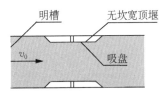

图 5.39　无坎宽顶堰俯视图

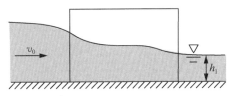

图 5.40　无坎宽顶堰水面形态

（3）WES 曲线型实用堰。

WES 曲线型实用堰的水流现象如图 5.41 所示,当下游水位较低时,过堰水流在堰面上形成急流,沿流程高度降低,流速增大,水深减小,在堰脚附近断面水深最小（$h_c$）,流速最大。该断面称为堰下游的收缩断面。在收缩断面后的平坡渠道上,形成 $H_3$ 型水面曲线,并通过水跃与尾门前的缓流相衔接。

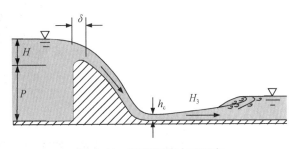

图 5.41　WES 堰流水面形态

## 5.13.4　实验方法与步骤

（1）将直角进口宽顶堰模型安装在明槽内的相应位置。

（2）打开电源,用流量调节阀调节流量大小,在自由出流条件下,分别测量三次流量下的流量 $Q$、上下游水位、渠底和堰顶高程,并计算流量系数,和理论值进行比较和分析。其中流量用三角堰量水槽 5 与水位测针 6 测量,上、下游水位及槽底、堰顶高程用测针 3 测量。

（3）观察不同堰的水流现象。分别安装需要观察的直角进口宽顶堰、无坎宽顶堰和

WES 曲线型实用堰等,观察其水舌的形态及其下游水面衔接形式。

（4）实验结束,关闭电源。

### 5.13.5　实验分析与讨论

扫码观看:
明渠堰流实
验操作指导
视频

（1）测量堰上水头 $H$ 值时,为何要在堰壁上游$(3\sim5)H$附近处测读堰上游水位测针读数?

（2）影响实测流量系数的精度有哪些因素? 如果行近流速水头略去不计,对实验结果会产生多大影响?

（3）为什么宽顶堰要在 $2.5 < \delta/H < 10$ 的范围内进行实验?

### 5.13.6　虚拟实验

本实验开发了相应的虚拟实验,解决了真实实验场地不足,实验时间、地点有限等问题,为线上实验教学提供支撑。虚拟实验的链接网址为:http://www.truetable.com/tongji/Src/VTest-4-Src.html,操作界面截屏如图 5.42 所示。学习者可以通过鼠标的拖动、点击、来旋转三维模型和进行虚拟实验操作及录入测试数据及生成实验报告,拓展了学生进行实验练习的时间和空间,可随时对实验项目进行预习和回顾。

扫码进入明
渠水力学多
功能虚拟实
验

图 5.42　明渠水力学多功能虚拟实验操作界面截图

## 5.14　离心泵特性曲线实验

### 5.14.1　实验目的

（1）了解离心式水泵的工作原理和基本构造。

（2）学会使用智能流量计、功率表、转速表、真空表和压力表测试离心泵的基本性能参数,并通过数据处理,绘制水泵工作的特性曲线。

## 5.14.2　实验装置

该实验的实验装置和各部分名称如图 5.43 所示,该装置由 A、B 两个单泵组成,利用切换阀门,组成各单项实验系统。

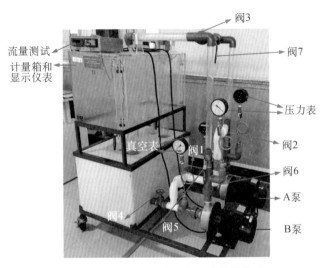

**图 5.43　离心泵性能曲线实验装置简图**

## 5.14.3　实验原理

离心泵是指水流进入水泵后沿叶轮的径向流出,液体质点在叶轮中流动主要受到离心力作用的水泵。离心泵的工作原理是一个能量转换和传递的过程,它把电机高速机械能转换为水体的动能和势能,同时还有部分能量在传输过程中耗散。水泵内能量损失的多少决定了水泵的工作效率,水泵的特性曲线也因此发生变化。水泵的特性曲线是在某一定的扬程 $H$ 和轴功率 $N$、效率 $\eta$。若以 $Q$ 为横坐标,$H$ 为纵坐标,将所测得的各点流量与扬程用一条光滑曲线连接起来,即为水泵的 $Q\text{-}H$ 特性曲线,同理可以绘制 $Q\text{-}N$ 特性曲线和 $Q\text{-}\eta$ 特性曲线。

### 1. 单泵特性曲线实验

单泵性能实验是离心泵实验的基础。在定转速下实测实验泵扬程、轴功率和效率随流量的变化规律,并绘制 $Q\text{-}H$、$Q\text{-}N$ 和 $Q\text{-}\eta$ 特性曲线。关闭阀门 6 和 7,打开阀门 1、2和 3 组成 A 泵实验系统;打开阀门 4 和 5 组成 B 泵实验系统。各个性能参数介绍如下。

（1）扬程（m）。

$$H=\Delta Z+\frac{P_{\mathrm{M}}}{\gamma}+\frac{P_{\mathrm{V}}}{\gamma} \tag{5.57}$$

式中　$P_{\mathrm{M}}$——泵出口压力表示值,单位为 MPa;

　　　$P_{\mathrm{V}}$——泵入口真空表的真空值,单位为 MPa;

扫 码 观 看:
单泵特性曲
线实验操作
指导视频

$\Delta Z$ ——泵出口压力表中心至入口断面的高差,单位为 m;

$\gamma$ ——单位体积水重,$\gamma = \rho g$。

（2）轴功率。

$$N = P_1 \eta_N \tag{5.58}$$

式中 $P_1$ ——电机输入功率,由功率表显示,单位为 kW;

$\eta_N$ ——电机效率,与电机运行负载有关,为简化计算,参照额定值及负载的变化,取 $\eta_N = 0.72$。

（3）效率。

$$\eta = \frac{N_e}{N} \times 100\% \tag{5.59}$$

式中 $N_e$ ——有效功率,$N_e = \gamma H Q$;

$N$ ——轴功率。

（4）流量（$m^3/s$）。

采用体积法测量,流量值由智能流量计测得(图 5.43)。

**2. 双泵串联特性曲线实验**

扫码观看：双泵串联特性曲线实验操作指导视频

通过双泵串联实验并绘制串联机组特性曲线 $(Q\text{-}H)_{A+B串}$,并与单泵 A 和 B 的特性曲线 $Q\text{-}H_A$ 和 $Q\text{-}H_B$ 在同一流量下扬程叠加(纵加)而得的特性曲线进行比较和分析。

关闭阀门 3,4 和 7,打开阀门 1,2,5 和 6 组成双泵 A(前泵)、B(后泵)的串联实验系统。在固定转速下,测试串联机组流量、扬程。

$$H = \Delta Z + \frac{P_{MB}}{\gamma} + \frac{P_{VA}}{\gamma} \tag{5.60}$$

式中 $Q$ ——流量,由智能流量计测试和读取;

$H$ ——扬程,单位为 m;

$P_{MB}$ ——泵 B(后泵)出口压力表读数,单位为 MPa;

$P_{VA}$ ——泵 A(前泵)入口真空表读数,单位为 MPa。

**3. 双泵并联特性曲线实验**

扫码观看：双泵并联特性曲线实验操作指导视频

离心式水泵并联工作时,两台水泵同时供水,管路流量增加,总流量为两台水泵流量的代数和。可以先绘制出单泵的特性曲线 $Q\text{-}H$,而后在同一扬程下流量叠加得到双泵并联特性曲线,再与实际测量并绘制的并联机组性能曲线 $(Q\text{-}H)_{A+B并}$ 进行比较和分析。

关闭阀门 3 和 6,打开阀门 1,2,4,5 和 7 组成双泵 A,B 并联实验系统。在固定转速下,测得并联机组流量、扬程。

$$H = \Delta Z + \frac{P_M}{\gamma} + \frac{P_V}{\gamma} \tag{5.61}$$

式中　$Q$——流量,单位为 m³/s;

　　　$H$——扬程,单位为 m;

　　　$P_M$——单泵(泵 A 或泵 B)出口压力表读数,单位为 MPa;

　　　$P_V$——单泵入口真空表读数,单位为 MPa。

### 5.14.4　实验方法与步骤

（1）先学习实验原理和掌握实验设备的操作方法。

（2）单泵实验:组成单泵实验系统,全开水泵入口阀门,启动水泵;全开出口阀门,待运行稳定后,关闭计量水箱底部放水阀,测试流量,读取压力表、真空表和功率表读数。通过关小出口阀门调节流量,重复实验过程 1～10 次。

（3）串联实验:组成串联实验系统,全开阀门 1,2 和 6。同时启动两泵,全开阀门 5,待运行稳定后,关闭计量水箱底部放水阀,测试流量,读取前泵入口真空表及后泵出口压力表读数。通过关小后泵出口阀门 5 调节流量,重复前述实验过程 1～10 次。

（4）并联实验:组成并联实验系统,全开两泵入口阀门。同时启动两泵,全开两泵出口阀门。适当调节 A 泵或 B 泵出口阀门,使两泵扬程相等。等运行稳定后,测试流量,读取压力表、真空表读数。保持两泵扬程相等,关小两泵出口阀门,调小流量,重复前述实验过程 1～10 次。实验结束后关闭电源。

### 5.14.5　实验分析与讨论

（1）水泵串联工作时,实测流量扬程 $Q$-$H$ 特性曲线与各自独立工作时的特性曲线是否相似? 如果不同,试分析原因。

（2）两台同性能泵并联工作的流量能否为单泵工作流量的 2 倍? 二者扬程是否相同? 为什么?

# 参 考 文 献

［1］张红旗,李瑶.基础力学实验[M].北京:科学出版社,2016.

［2］毛根海.应用流体力学实验[M].北京:高等教育出版社,2008.

［3］戴福隆,沈观林,谢惠民.实验力学[M].北京:清华大学出版社,2010.

［4］陈建军,车建文,陈勇.材料力学实验[M].武汉:华中科技大学出版社,2016.

［5］秦莲芳.基础力学实验[M].北京:北京航空航天大学出版社,2015.

［6］邓宗白.材料力学实验与训练[M].北京:高等教育出版社,2014.

［7］俞永辉,赵红晓.流体力学与水力学实验[M].上海:同济大学出版社,2017.

［8］同济大学航空航天与力学学院力学实验中心.材料力学教学实验[M].2版.上海:同济大学出版社,2012.

［9］谭献忠,吕续舰.流体力学实验(高等学校"十三五规划"教材)[M].南京:东南大学出版社 2021.

［10］莫乃榕.工程力学实验:工程流体力学实验[M].武汉:华中科技大学出版社,2008.

［11］高潮,周勇.基础力学实验教程[M].北京:科学出版社,2016.

［12］徐志敏,刘书静,黄莺,等.工程力学实验指导书[M].西安:西安交通大学出版社,2020.

［13］钢铁研究总院,冶金工业信息标准研究院,深圳万测试验设备有限公司,等.金属材料 拉伸试验 第1部分:室温试验方法:GB/T 228.1—2021[S].北京:中国标准出版社,2021.

［14］钢铁研究总院,国防科技大学,冶金工业标准信息研究院.金属材料 室温压缩试验方法:GB/T 7314—2017[S].北京:中国标准出版社,2017.

［15］钢铁研究总院,深圳万测试验设备有限公司,冶金工业信息标准研究院.金属材料 疲劳试验 旋转弯曲方法:GB/T 4337—2015[S].北京:中国标准出版社,2015.

［16］钢铁研究总院,冶金工业信息标准研究院,山西太钢不锈钢股份有限公司,等.金属材料 夏比摆锤冲击试验方法:GB/T 229—2020[S].北京:中国标准出版社,2020.

［17］钢铁研究总院,深圳市新三思材料检测有限公司,冶金工业信息标准研究院,等.金属材料 室温扭转试验方法:GB/T 10128—2007[S].北京:中国标准出版社,2007.

［18］钢铁研究总院,冶金工业信息标准研究院,首钢集团公司,等.金属材料 力学性能试验术语:GB/T 10623—2008[S].北京:中国标准出版社,2008.

［19］中国标准化研究院.数值修约规则与极限数值的表示和判定:GB/T 8170—2008[S].北京:中国标准出版社,2008.

［20］冶金工业信息标准研究院,钢铁研究院总院,齐齐哈尔华工机床股份有限公司,等.

钢及钢产品力学性能试验取样位置及试样制备:GB/T 2975—2018[S].北京:中国标准出版社,2018.

[21] 毛欣炜,毛根海.一种具备教学效果流量数显的活塞式动量实验仪:CN104882048B [P].2017-08-08.

# 附录 本书主要符号、名称与单位

| 符号 | 单位 | 说明 | 备注 |
|------|------|------|------|
| $L_0$ | mm | 试样原始标距 | |
| $L_c$ | mm | 试样中部平行长度 | |
| $L_u$ | mm | 试样断后标距 | |
| $L_t$ | mm | 试样总长度 | |
| $r$ | mm | 过渡弧半径 | |
| $d_0$ | mm | 圆形试样原始直径 | |
| $d_u$ | mm | 试样断后最小横截面积 | |
| $S_0$ | mm$^2$ | 试样原始横截面面积 | |
| $S_u$ | mm$^2$ | 试样断后最小横截面面积 | |
| $A$ | % | 断后伸长率 | 对应金属材料拉伸试验 |
| $Z$ | % | 断面收缩率 | |
| $F_{eL}$ | kN | 屈服载荷 | |
| $R_{eL}$ | MPa | 屈服强度 | |
| $F_{eH}$ | kN | 上屈服载荷 | |
| $R_{eH}$ | MPa | 上屈服强度 | |
| $F_{eL}$ | kN | 下屈服载荷 | |
| $R_{eL}$ | MPa | 下屈服强度 | |
| $F_m$ | kN | 最大载荷 | |
| $R_m$ | MPa | 抗拉强度 | |
| $E$ | MPa | 弹性模量 | |
| $a$ | mm | 试样原始厚度 | |
| $b$ | mm | 试样原始宽度 | |
| $d$ | mm | 试样原始直径 | 对应金属材料压缩实验 |
| $L_0$ | mm | 试样原始标距 | |
| $S_0$ | mm$^2$ | 试样原始横截面面积 | |
| $F_{eHc}$ | kN | 屈服时的实际上屈服压缩力 | |

续表

| 符号 | 单位 | 说明 | 备注 |
|---|---|---|---|
| $F_{eLc}$ | kN | 屈服时的实际下屈服压缩力 | 对应金属材料压缩实验 |
| $R_{eHc}$ | MPa | 上压缩屈服强度 | |
| $R_{eLc}$ | MPa | 下压缩屈服强度 | |
| $R_{mc}$ | MPa | 脆性材料的抗压强度;或塑像材料的规定应变条件下的压缩应力 | |
| $a$ | mm | 管形试样平行长度部分的管壁厚度 | 对应金属材料扭转实验 |
| $d$ | mm | 圆柱形试样和管形试样平行长度部分的外直径 | |
| $L_0$ | mm | 试样标距 | |
| $L_c$ | mm | 试样平行长度 | |
| $L$ | mm | 试样总长度 | |
| $R$ | mm | 试样头部过渡半径 | |
| $T$ | N·mm | 扭矩 | |
| $T_{eH}$ | N·mm | 上屈服扭矩 | |
| $T_{eL}$ | N·mm | 下屈服扭矩 | |
| $T_m$ | N·mm | 最大扭矩 | |
| $\Delta T$ | N·mm | 扭矩增量 | |
| $\phi$ | (°) | 扭角 | |
| $\phi_{max}$ | (°) | 最大非比例扭角 | |
| $\Delta\phi$ | (°) | 扭角增量 | |
| $I_p$ | mm⁴ | 极惯性矩 | |
| $W$ | mm³ | 截面系数 | |
| $G$ | MPa | 剪切模量 | |
| $\tau_p$ | MPa | 规定非比例扭转强度 | |
| $\tau_{eH}$ | MPa | 上屈服强度 | |
| $\tau_{eL}$ | MPa | 下屈服强度 | |
| $\tau_m$ | MPa | 抗扭强度 | |
| $\gamma_{max}$ | % | 最大非比例切应变 | |
| $K_p$ | J | 实际初始势能 | 对应冲击实验 |
| $l$ | mm | 冲击试样长度 | |
| $h$ | mm | 冲击试样高度 | |
| $w$ | mm | 冲击试样宽度 | |
| $K$ | J | 冲击吸收功 | |

**续表**

| 符号 | 单位 | 说明 | 备注 |
|:---:|:---:|:---|:---:|
| $KU_2$ | J | U 型缺口试样在使用 2 mm 摆锤锤刃下测得的冲击吸收能量 | |
| $KU_8$ | J | U 型缺口试样在使用 8 mm 摆锤锤刃下测得的冲击吸收能量 | 冲击实验 |
| $KV_2$ | J | V 型缺口试样在使用 2 mm 摆锤锤刃下测得的冲击吸收能量 | |
| $KV_8$ | J | V 型缺口试样在使用 8 mm 摆锤锤刃下测得的冲击吸收能量 | |
| $D$ | mm | 试样夹持部分直径 | |
| $d$ | mm | 试样应力最大部位直径 | 疲劳实验 |
| $N_f$ | 周次 | 疲劳寿命 | |
| $r$ | mm | 试样夹持部分与试验部分之间过渡弧半径 | |

# 基础力学实验报告

同济大学 出版社
TONGJI UNIVERSITY PRESS
·上海·

# 3.1   金属材料的拉伸实验报告

学号＿＿＿＿＿＿＿姓名＿＿＿＿＿＿＿

**一、实验日期**

＿＿＿＿＿＿年＿＿＿＿月＿＿＿＿日

**二、实验设备**

试验机名称＿＿＿＿＿＿＿＿＿＿＿＿＿

量具名称＿＿＿＿＿＿＿＿＿＿最小分度值＿＿＿＿＿＿＿＿mm

**三、试样原始尺寸记录**

| 材料 | 原始标距 $L_0$ /mm | 直径 $d_0$/mm | | | | | | | | | 最小横截面积 $S_0$/mm² |
|---|---|---|---|---|---|---|---|---|---|---|---|
| | | 截面 I | | | 截面 II | | | 截面 III | | | |
| | | (1) | (2) | 平均 | (1) | (2) | 平均 | (1) | (2) | 平均 | |
| 低碳钢 | | | | | | | | | | | |
| 铸　铁 | | | | | | | | | | | |

**四、实验数据**

| 材料 | 弹性模量 /MPa | 屈服载荷 $F_{eL}$ /kN | 最大载荷 $F_m$ /kN | 断后标距 $L_u$ /mm | 断裂处最小直径 $d_u$ /mm | | |
|---|---|---|---|---|---|---|---|
| | | | | | (1) | (2) | 平均 |
| 低碳钢 | | | | | | | |
| 铸　铁 | | | | | | | |

**五、绘制低碳钢和铸铁拉伸实验的 $F$-$\Delta L$ 曲线,并叙述断口形状和特征**

低碳钢:

铸铁:

### 六、材料拉伸时力学性能计算

| 项目 | 低碳钢 | 铸铁 |
|---|---|---|
| | 计算公式及结果 | 计算公式及结果 |
| 屈服强度 $R_{eL}$/MPa | | / |
| 抗拉强度 $R_m$/MPa | | |
| 断后伸长率 $A$/% | | |
| 断面收缩率 $Z$/% | | / |

### 七、问题讨论

1. 根据实验结果,填写正确答案:

(1) 铸铁拉伸受(    )应力破坏;

(2) 低碳钢的塑性(    )铸铁的塑性;

2. 通过实验,试从强度、塑性、断口形状和破坏原因等方面分析、对比低碳钢和铸铁在拉伸实验中的力学性能。

# 3.2 金属材料的压缩实验报告

学号_____姓名_____

## 一、实验日期
_____年_____月_____日

## 二、实验设备
试验机名称_____

量具名称_____最小分度值_____mm

## 三、试样原始尺寸记录

| 材料 | 长度 L /mm | 直径 $d_0$ /mm | | | 横截面积 $S_0$ /mm² |
|---|---|---|---|---|---|
| | | (1) | (2) | 平均 | |
| 低碳钢 | | | | | |
| 铸 铁 | | | | | |

## 四、实验数据

| 材料 | 屈服载荷 $F_{eL}$ /kN | 最大载荷 $F_m$ /kN |
|---|---|---|
| 低碳钢 | | / |
| 铸 铁 | / | |

## 五、绘制低碳钢和铸铁压缩实验的 $F$-$\Delta L$ 曲线，并叙述断口形状和特征
低碳钢：



铸铁：

### 六、材料压缩时力学性能计算

| 项目 | 低碳钢 | 铸铁 |
|---|---|---|
| | 计算公式及结果 | 计算公式及结果 |
| 压缩屈服强度 $R_{eLc}$ /MPa | | / |
| 抗压强度 $R_{mc}$ /MPa | / | |

### 七、问题讨论

1. 根据实验结果,填写正确答案:

(1) 铸铁压缩受(　　　)应力破坏;

(2) 铸铁抗拉能力(　　　)抗压能力。

2. 通过实验,试从强度、塑性、断口形状和破坏原因等方面分析、对比低碳钢和铸铁在压缩实验中的力学性能。

# 3.3 扭转实验报告

学号_____ 姓名_____

## 一、实验日期

_____年_____月_____日

## 二、实验设备

试验机名称_____

量具名称_____ 最小分度值_____mm

## 三、试样尺寸记录

| 材料 | 直径 $d_0$ /mm | | | | | | | | | 抗扭截面系数 $W$ /mm³ |
|---|---|---|---|---|---|---|---|---|---|---|
| | 截面 I | | | 截面 II | | | 截面 III | | | |
| | (1) | (2) | 平均 | (1) | (2) | 平均 | (1) | (2) | 平均 | |
| 低碳钢 | | | | | | | | | | |
| 铸 铁 | | | | | | | | | | |

## 四、实验数据记录

| 项目 | 材料 | |
|---|---|---|
| | 低碳钢 | 铸铁 |
| 参加扭转长度 $L_0$ /mm | | |
| 屈服扭矩 $T_{eL}$ /N·m | | |
| 破坏扭矩 $T_m$ /N·m | | |
| 破坏时扭转角 $\phi$ /° | | |

## 五、材料扭转力学性能计算

| 项目 | 低碳钢 | 铸铁 |
|---|---|---|
| | 计算公式及结果 | 计算公式及结果 |
| 屈服强度 $\tau_{eL}$ /MPa | | |
| 抗扭强度 $\tau_m$ /MPa | | |

**续表**

| 项目 | 低碳钢 | 铸铁 |
|---|---|---|
| | 计算公式及结果 | 计算公式及结果 |
| 真实抗扭强度 $\tau_{tm}$/MPa | | |
| 破坏时单位扭转角 $\phi/[(°)\cdot mm^{-1}]$ | | |

**六、绘制低碳钢和铸铁扭转实验的 $T\text{-}\phi$ 曲线,并叙述断口形状和特征**

低碳钢:

铸铁:

**七、问题讨论**

根据实验结果,选择下列括号中的正确答案:

1. 低碳钢受扭时,受(　　　)应力破坏;

2. 铸铁受扭时,受(　　　)应力破坏;

3. 低碳钢抗拉能力(　　　)抗剪能力;

4. 铸铁抗拉能力(　　　)抗剪能力;

5. 低碳钢的塑性(　　　)铸铁的塑性。

# 3.4 材料的冲击实验报告

学号_____姓名_____

## 一、实验日期
_____年_____月_____日

## 二、实验设备
试验机名称型号_____

温度_____

## 三、实验数据记录及数据处理

1. 计算低碳钢与铸铁的值(保留两位有效数字)。

2. 观察两种材料断口差异。

| 试样形状 | 材料 | 厚 $B$ /mm | 宽 $W$ /mm | 横截面面积 $S_0 = B \times W$ /mm$^2$ | 冲击吸收功 $A_K$ /J | 冲击韧度 $\alpha_K = A_K/S_0$ /(J·mm$^{-2}$) | 室温 /℃ | 断口形貌 |
|---|---|---|---|---|---|---|---|---|
| | 低碳钢 | | | | | | | |
| | 铸铁 | | | | | | | |

## 四、实验思考

1. 冲击韧度在工程实际中有哪些实用价值?

2. 冲击试样上为什么要制造缺口?

3. 冲击韧度是相对指标还是绝对指标?

# 3.5 材料的疲劳实验报告

学号_____ 姓名_____

**一、实验日期**

_____年_____月_____日

**二、实验设备**

试验机名称型号_____

测量仪器_____

**三、实验数据记录及数据处理**

本实验时间较长,各小组可以取一根试样进行测量,最后数据统一填写下面表格,并进行计算。

| 试样编号 | 砝码重量 | $\sigma_{max}$ | 疲劳寿命 N | lg N | 备注 |
|---|---|---|---|---|---|
| 1 | | | | | |
| 2 | | | | | |
| 3 | | | | | |
| 4 | | | | | |
| 5 | | | | | |
| 6 | | | | | |
| 7 | | | | | |
| 8 | | | | | |
| 9 | | | | | |
| 10 | | | | | |
| 11 | | | | | |
| 12 | | | | | |
| 13 | | | | | |

**四、实验数据记录及数据处理**

以 $\sigma_{max}$ 为横坐标,以 lg N 为纵坐标。绘制 S-N 曲线。

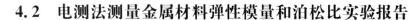

## 4.2　电测法测量金属材料弹性模量和泊松比实验报告

学号_____姓名_____

### 一、实验日期

_____年_____月_____日

### 二、实验设备

试验机名称型号_____

测量仪器_____

温度_____

### 三、实验数据记录及数据处理

| 序号 | 荷载/kN | | 应变计读数/（×10⁻⁶） | | | | | | | | | | | |
|---|---|---|---|---|---|---|---|---|---|---|---|---|---|---|
| | | | 轴向应变 $\varepsilon$ | | | | | | 横向应变 $\varepsilon'$ | | | | | |
| | 累计 | 增量 | 累计 | 增量 $\Delta\varepsilon$ | 累计 | 增量 $\Delta\varepsilon$ | 累计 | 增量 $\Delta\varepsilon$ | 累计 | 增量 $\Delta\varepsilon'$ | 累计 | 增量 $\Delta\varepsilon'$ | 累计 | 增量 $\Delta\varepsilon'$ |
| 1 | | / | | / | | / | | / | | / | | / | | / |
| 2 | | | | | | | | | | | | | | |
| 3 | | | | | | | | | | | | | | |
| 4 | | | | | | | | | | | | | | |
| 5 | | | | | | | | | | | | | | |
| 6 | | | | | | | | | | | | | | |
| 平均值 | | | | | | | | | | | | | | |
| 测试结果 | | | $E=\dfrac{\Delta F_{均}}{A_0\Delta\varepsilon_{均}}=$ | | | | | | $\mu=\left|\dfrac{\Delta\varepsilon'_{均}}{\Delta\varepsilon_{均}}\right|=$ | | | | | |

# 4.3 剪切弹性模量 G 测定实验报告

学号＿＿＿＿＿＿ 姓名＿＿＿＿＿＿

## 一、实验日期

＿＿＿＿＿年＿＿＿＿月＿＿＿＿日

## 二、实验设备

实验仪器名称＿＿＿＿＿＿＿＿＿＿＿＿＿＿

应变仪名称＿＿＿＿＿＿＿＿＿＿＿＿＿＿

## 三、有关尺寸记录

| | |
|---|---|
| 试件计算长度 $l$/mm | 300 |
| 加力杆长度 $a$/mm | 200 |
| 试件外径 $D$/mm | 40 |
| 试件内径 $d$/mm | 34 |
| 试件壁厚 $t$/mm | 3 |
| 弹性模量 $E$/GPa | 70 |
| 泊松比 $\mu$ | 0.33 |

## 四、实验数据记录

### 1. 剪应变片测定(半桥)

| $i$ | $\Delta T$ /(N·m) | $\gamma_{1i}$/$\mu\varepsilon$ | $m_1$ | $\gamma_{2i}$/$\mu\varepsilon$ | $m_2$ | $\gamma_{3i}$/$\mu\varepsilon$ | $m_3$ | $\bar{m}$ | $G$ |
|---|---|---|---|---|---|---|---|---|---|
| 1 | | | | | | | | | |
| 2 | | | | | | | | | |
| 3 | | | | | | | | | |
| 4 | | | | | | | | | |
| 5 | | | | | | | | | |
| 6 | | | | | | | | | |
| $n$ | | | | | | | | | |

# 4.4 梁弯曲正应力实验报告

学号_____ 姓名_____

## 一、实验日期

_____年_____月_____日

## 二、实验仪器

实验仪器名称型号_____

灵敏系数_____

## 三、记录表格

1. 试件梁的数据及测点位置

| 物理量 | 几何量 | 测点位置 | | |
|---|---|---|---|---|
| | | 布片图 | 测点号 | 坐标/mm |
| 钢梁的弹性模量：$E=$ MPa | 梁宽 $b=$ mm<br>梁高 $h=$ mm<br>距离 $a=$ mm<br>跨度 $L=$ mm<br>惯矩 $I_z=$ mm$^4$ | | 1 | $y_1=20$ |
| | | | 2 | $y_2=15$ |
| | | | 3 | $y_3=10$ |
| | | | 4 | $y_4=0$ |
| | | | 5 | $y_5=10$ |
| | | | 6 | $y_6=15$ |
| | | | 7 | $y_7=20$ |

2. 应变实测记录

测点应变值($10^{-6}$)

| 次 | 载荷/kN | 测点号 | | | | | | |
|---|---|---|---|---|---|---|---|---|
| | | 1 | 2 | 3 | 4 | 5 | 6 | 7 |
| I | 0 | | | | | | | |
| | 1.5 | | | | | | | |
| | 3.0 | | | | | | | |
| | 4.5 | | | | | | | |

续表

| 次 | 载荷/kN | 测点号 | | | | | | |
|---|---|---|---|---|---|---|---|---|
| | | 1 | 2 | 3 | 4 | 5 | 6 | 7 |
| Ⅱ | 0 | | | | | | | |
| | 4.5 | | | | | | | |
| Ⅲ | 0 | | | | | | | |
| | 4.5 | | | | | | | |
| 三次应变平均值 ε(4.5 kN 时) | | | | | | | | |
| $\sigma_{实} = E\varepsilon_{实}$ /MPa | | | | | | | | |

最大载荷 $P_{max} = $ _____ kN

最大弯矩 $M_{max} = \dfrac{1}{2}P_{max}a = $ _____ N · m

## 四、实验结果的处理

1. 描绘应变分布图

根据应变实测记录表中第 1 次实验的记录数据,绘制 1.5 kN,3.0 kN 和 4.5 kN 载荷下测得的各点应变值分布图,即 $y\text{-}\mu\varepsilon$ 图,画在附图 2.1 上。

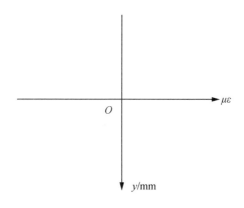

附图 2.1　应变分布图

2. 实测应力分布曲线与理论应力分布曲线的比较

根据应变实测记录表中各点的实测应力值,描绘实测点于附图 2.2 上。用"最

小二乘法"求最佳拟合直线,设拟合各点实测应力的直线方程为

$$\sigma = ky$$

式中  $\sigma$——各测点的实测应力;

$y$——各测点的坐标(离中性轴的距离);

$k$——梁弯曲变形的曲率(待定常数), $k = \dfrac{\sum\limits_{i=1}^{7} \sigma_i y_i}{\sum\limits_{i=1}^{7} y_i^2}$。

由此求出在载荷 1.5 kN,3.0 kN,4.5 kN 下的三个直线方程为

1.5 kN 时:

3.0 kN 时:

4.5 kN 时:

并作直线(画实线)于附图2.2中。同时画出理论应力分布直线(画虚线)。

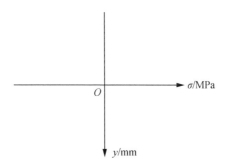

附图 2.2  应力分布图

3. 实验值与理论值的误差

附表 2.1  实验值与理论值的误差比较

| 测点号 | 拟合线上应力值 $\sigma'_{实}$/MPa | 理论值 $\sigma_{理} = \dfrac{M_y}{I_z}$/MPa | 误差 $\dfrac{\sigma'_{实} - \sigma_{理}}{\sigma_{理}} \times 100\%$ |
|---|---|---|---|
| 1 | | | |
| 2 | | | |

**续表**

| 测点号 | 拟合线上应力值 $\sigma'_{\text{实}}$ /MPa | 理论值 $\sigma_{\text{理}} = \dfrac{M_y}{I_z}$ /MPa | 误差 $\dfrac{\sigma'_{\text{实}} - \sigma_{\text{理}}}{\sigma_{\text{理}}} \times 100\%$ |
|---|---|---|---|
| 3 | | | |
| 4 | | | 绝对误差：$\sigma'_{\text{实}} - \sigma_{\text{理}} =$ |
| 5 | | | |
| 6 | | | |
| 7 | | | |

## 五、问题讨论

根据所绘制的应变分布图试讨论以下问题：

1. 沿梁的截面高度，应变是怎样分布的？

2. 随载荷逐级增加，应变分布按怎样的规律变化？

3. 中性层在横截面上的什么位置？

# 4.5 弯扭组合实验报告

学号_____姓名_____

## 一、实验日期

_____年_____月_____日

## 二、实验仪器

实验仪器名称_____、_____

## 三、试件尺寸记录

| 试件计算长度 $l$/mm | 300 |
|---|---|
| 加力杆长度 $a$/mm | 200 |
| 试件外径 $D$/mm | 40 |
| 试件内径 $d$/mm | 34 |
| 试件壁厚 $t$/mm | 3 |

## 四、试件材料常数

弹性模量 $E = 70 \text{ GN/m}^2$   泊松比 $\upsilon = 0.33$

电阻应变片灵敏系数 $k =$

## 五、计算

1. 写出计算公式

| 理论计算 | 应力分量 | $\sigma_x = \sigma_w =$ |
|---|---|---|
| | | $\tau_{xy} = \tau_T$ |
| | 主应力大小和方向 | $\sigma_1 =$<br>$\sigma_3 =$ |
| | | $\alpha_0 =$ |

续表

| 实测计算 | 主应变 | $\varepsilon_1 =$ <br> $\varepsilon_3 =$ | |
|---|---|---|---|
| | 主应力大小和方向 | $\sigma_1 =$ <br> $\sigma_3 =$ | |
| | | $\alpha_0$ | |

2. 计算结果比较

**弯曲与扭转组合变形实验数据记录表**

| 次序 | 荷载值/N | 应变值/με | | | | | |
|---|---|---|---|---|---|---|---|
| | | 测点 B | | | 测点 D | | |
| | | $\varepsilon_{-45°}$ | $\varepsilon_{0°}$ | $\varepsilon_{45°}$ | $\varepsilon_{-45°}$ | $\varepsilon_{0°}$ | $\varepsilon_{45°}$ |
| | | 读数 | 读数 | 读数 | 读数 | 读数 | 读数 |
| I | 0 | | | | | | |
| | 150 | | | | | | |
| | 300 | | | | | | |
| | 450 | | | | | | |
| II | 0 | | | | | | |
| | 450 | | | | | | |
| III | 0 | | | | | | |
| | 450 | | | | | | |
| 三次荷载 0~450 N 时的应变平均值 | | | | | | | |

## 六、作图

根据实测结果在原始单元体图上画主单元体,并注明主应力的大小和方向。

**七、问题讨论**

1. 实验中,如果在 $B$、$D$ 两测点处,只用两片电阻应变片测定该点处的主应力,试问两片应变片的粘贴方向应如何?

2. 本实验中,若试件在弯扭的同时,管内再施加内压力 $p$。试写出 $B$、$D$ 两测点的主应力大小和方向的理论计算公式。

# 4.6 叠合梁实验报告

学号_____姓名_____

## 一、实验日期

_____年_____月_____日

## 二、实验仪器

实验仪器名称型号_____

灵敏系数_____

## 三、记录表格

1. 试件梁的数据及测点位置

| | | 测点号 | 坐标/mm | 测点号 | 坐标/mm |
|---|---|---|---|---|---|
| 铝梁的弹性模量：<br>$E=$　　MPa<br>钢梁的弹性模量：<br>$E=$　　MPa | 梁宽 $b=20$ mm<br>梁高 $2h=40$ mm<br>距离 $a=150$ mm<br>跨度 $L=620$ mm | 1 | $y_1=$ | 7 | $y_7=$ |
| | | 2 | $y_2=$ | 8 | $y_8=$ |
| | | 3 | $y_3=$ | 9 | $y_9=$ |
| | | 4 | $y_4=$ | 10 | $y_{10}=$ |
| | | 5 | $y_5=$ | 11 | $y_{11}=$ |
| | | 6 | $y_6=$ | 12 | $y_{12}=$ |

2. 应变实测记录及数据处理

测点应变值（$10^{-6}$）

| 次 | 载荷/kN | 测点号 | | | | | | | | | | | |
|---|---|---|---|---|---|---|---|---|---|---|---|---|---|
| | | 1 | 2 | 3 | 4 | 5 | 6 | 7 | 8 | 9 | 10 | 11 | 12 |
| 1 | 0 | | | | | | | | | | | | |
| | | | | | | | | | | | | | |
| | | | | | | | | | | | | | |
| | | | | | | | | | | | | | |
| 2 | 0 | | | | | | | | | | | | |
| | | | | | | | | | | | | | |

**续表**

| 次 | 载荷/kN | 测点号 | | | | | | | | | | | |
|---|---|---|---|---|---|---|---|---|---|---|---|---|---|
| | | 1 | 2 | 3 | 4 | 5 | 6 | 7 | 8 | 9 | 10 | 11 | 12 |
| 3 | 0 | | | | | | | | | | | | |
| 三次应变平均值 ε | | | | | | | | | | | | | |
| $\sigma_{实} = E\varepsilon_{实}$ /MPa | | | | | | | | | | | | | |
| 理论值 $\sigma$ (计算公式参见 4.6 节内容) | | | | | | | | | | | | | |
| 相对误差 $\dfrac{\sigma_{实} - \sigma_{理}}{\sigma_{理}} \times 100\%$ | | | | | | | | | | | | | |

## 四、实验结果的处理

1. 绘制实测应力分布曲线与理论应力分布曲线,并进行比较。

## 五、问题讨论

根据所绘制的应变、应力分布图试讨论以下问题:

1. 沿不同材料叠合梁的截面高度,应变是怎样分布的?

2. 随载荷逐级增加,应变分布按怎样的规律变化? 对应的应力分布按怎样规律变化?

3. 叠合梁的中性层在横截面上的什么位置? 是否有一定的规律?

4. 可以测试另外两种叠合梁的应力分布和应变分布,并加以比较。

# 4.7 偏心拉伸实验报告

学号_____姓名_____

## 一、实验日期

_____年_____月_____日

## 二、实验仪器

实验仪器名称型号_____

灵敏系数_____

## 三、实验结果处理

1. 记录常数

宽度 $b=$　　mm，厚度 $h=$　　mm，面积 $S_0=$　　$mm^2$，抗弯截面系数 $W=$　　$mm^3$，标距 $L=$　　mm，电阻值 $R=$　　$\Omega$，灵敏系数 $K=$

2. 数据记录

附表 2.2 偏心拉伸实验测试记录表

| 荷载 $F/N$ | | 应变/$\mu\varepsilon$ | | | | | | | | | | | |
|---|---|---|---|---|---|---|---|---|---|---|---|---|---|
| | | 半桥接法 | | | | 半桥邻臂 | | 全桥对臂 | | 全桥自补偿 | | 半桥应变片串联 | |
| 累计 $F$ | 增量 $\Delta F$ | 受拉测累计 | 增量 | 受压测累计 | 增量 | 累计 | 增量 | 累计 | 增量 | 累计 | 增量 | 累计 | 增量 |
| | | | | | | | | | | | | | |
| | | | | | | | | | | | | | |
| | | | | | | | | | | | | | |
| | | | | | | | | | | | | | |
| | | | | | | | | | | | | | |
| | | | | | | | | | | | | | |

续表

| 荷载 $F/\mathrm{N}$ | 应变/$\mu\varepsilon$ | | | | | |
|---|---|---|---|---|---|---|
| $\Delta F =$ | $\Delta\varepsilon_1 = \Delta\varepsilon_F +$ $\Delta\varepsilon_M =$ | $\Delta\varepsilon_2 = \Delta\varepsilon_F -$ $\Delta\varepsilon_M =$ | $\Delta\varepsilon_{ds} = 2\Delta\varepsilon_M$ $=$ | $\Delta\varepsilon_{ds} = 2\Delta\varepsilon_F$ $=$ | $\Delta\varepsilon_{ds} = 4\Delta\varepsilon_M$ $=$ | $\Delta\varepsilon_{ds} = \Delta\varepsilon_F$ $=$ |
| 接桥方式及 贴片图 | | | | | | |

3. 数据处理,计算弹性模量和偏心距

(1) 弹性模量计算公式:

$$E = \frac{\Delta F}{bh} \cdot \frac{\displaystyle\sum_{i=1}^{5} i^2}{\displaystyle\sum_{i=1}^{N} i\,\Delta\varepsilon_{Fi}}, \ N = 5$$

(2) 试样的偏心距计算公式:

$$e = \frac{Ebh^2}{6\Delta F}\varepsilon_M$$

# 4.8 应变片接桥实验报告

学号_____姓名_____

## 一、实验日期

_____年_____月_____日

## 二、实验仪器

电阻应变片灵敏系 $K=$

附表 2.3 弯扭组合变形接桥练习

| 待测应变仪读数 $\varepsilon_{ds}$ | 连接方式 | 实测值 |
|---|---|---|
| $2\varepsilon_{扭}$ | | $\varepsilon_{ds}=$ |
| $4\varepsilon_{扭}$ | | $\varepsilon_{ds}=$ |
| $1\varepsilon_{弯}$ | | $\varepsilon_{ds}=$ |
| $2\varepsilon_{弯}$ | | $\varepsilon_{ds}=$ |

# 4.9 压杆稳定实验报告

学号_____姓名_____

## 一、实验日期

_____年_____月_____日

## 二、实验记录表

| 厚度 $t=3.00$ mm | 宽度 $b=20.00$ mm | $E=2.10\times10^5$ MPa |
|---|---|---|
| 荷载值 $P/N$ | 应变仪读数/$\mu\varepsilon$ | 备注 |
| 0 | | |
| 200 | | |
| 400 | | |
| 600 | | |
| | | |
| | | |
| | | |
| | | |
| | | |
| | | |
| | | |
| | | |
| | | |
| | | |
| | | |
| | | |
| | | |
| | | |
| | | |
| | | |

### 三、实验结果处理

1. 计算结果

实验测得的临界力 $P_{cr}=$

理论算得的临界力 $P_{cr理}=\dfrac{\pi^2 EI_{min}}{L^2}$

实验值与理论值的比较：

误差百分率 $\dfrac{P_{cr}-P_{cr}}{P_{cr}}\times 100\%=$        %

2. 绘制 $P\text{-}\varepsilon_{ds}$ 曲线图

### 四、问题讨论

1. 两端铰支的中心压杆在压力小于临界力时，为什么也有侧向挠度？

2. 从实测所得的 $P\text{-}\varepsilon_{ds}$ 图中可以看到，二者的关系是非线性的，杆内的应力是否还属于弹性范围？

# 4.10 矩形截面梁扭转实验报告

学号_____姓名_____

## 一、实验日期

_____年_____月_____日

## 二、试件尺寸记录

| $b$/mm | 截面1 | 截面1 | 截面1 | 平均 |
|--------|-------|-------|-------|------|
| $h$/mm |       |       |       |      |

## 三、测试记录表

| 荷载 | 待测点应变/$\mu\varepsilon$ | | | | | | |
|------|------|------|------|------|------|------|------|
| 扭矩/N·m | 1 | 3 | 平均 | 4 | 5 | 平均 | 2 |
| 5  |  |  |  |  |  |  |  |
| 10 |  |  |  |  |  |  |  |
| 15 |  |  |  |  |  |  |  |
| 20 |  |  |  |  |  |  |  |
| 25 |  |  |  |  |  |  |  |
| 30 |  |  |  |  |  |  |  |

## 四、数据处理

(1) 简述测试的原理,并推导由实测的应变值计算出该测点 $\tau_{max}$ 最大值的计算机表达式。

(2) 给出实测的矩形截面长、短边中点的最大剪应力值。

(3) 比较实测值和理论值之间的误差。

# 5.1 静水压强实验报告

学号_____姓名_____

## 一、实验日期

_____年_____月_____日

## 二、实验装置

实验装置名称_____

量具名称_____最小分度值_____mm

1. 记录有关常数：

$\nabla_A =$ _____$10^{-2}$ m    $\nabla_B =$ _____$10^{-2}$ m

记录表格

| 实验次数 | | 测压管水位读/$10^{-2}$ m | | | | | | |
|---|---|---|---|---|---|---|---|---|
| | | $\nabla_1$ | $\nabla_2$ | $\nabla_3$ | $\nabla_4$ | $\nabla_5$ | $\nabla_6$ | $\nabla_7$ |
| $p_0 > p_a$ | 1 | | | | | | | |
| | 2 | | | | | | | |
| | 3 | | | | | | | |
| $p_0 < p_a$ | 1 | | | | | | | |
| | 2 | | | | | | | |
| | 3 | | | | | | | |

2. 计算表格 单位：kN/m³

| 计算项目 | | | $p_0$ | $p_A$ | $p_B$ | 有色液体容重 $\gamma$ |
|---|---|---|---|---|---|---|
| | | | $\gamma(\nabla_2 - \nabla_1)$ | $\gamma(\nabla_5 - \nabla_A)$ | $\gamma(\nabla_6 - \nabla_B)$ | $P_0/(\nabla_4 - \nabla_3)$ |
| 计算结果 | $p_0 > p_a$ | 1 | | | | |
| | | 2 | | | | |
| | | 3 | | | | |
| | $p_0 < p_a$ | 1 | | | | |
| | | 2 | | | | |
| | | 3 | | | | |

# 5.2 液体相对平衡实验报告

学号_____姓名_____

## 一、实验日期

_____年_____月_____日

## 二、实验装置

实验装置名称_____

量具名称_____最小分度值_____mm

## 三、实验数据处理

1. 记录有关常数：

转数 $n$

2. 计算 $n$ 和 $n'$，验证 $n$ 和 $\Delta H$ 的关系。

附表 2.4　比较 $n$ 和 $n'$，验证 $n$ 和 $\Delta H$ 的关系

| 测量次数 | 探针在 $r_i = 0$ 处的 $z_{min}$ 值/mm | 液面最大超高 $\Delta H$/mm | 实测转速 $n'$ /(转·分$^{-1}$) | 计算转速 $n$ /(转·分$^{-1}$) | 误差/% |
|---|---|---|---|---|---|
| 1 | | | | | |
| 2 | | | | | |
| 3 | | | | | |
| 4 | | | | | |
| 5 | | | | | |
| 6 | | | | | |
| 7 | | | | | |
| 8 | | | | | |

3. 计算理论自由面的纵坐标 $z$，进行比较，或将理论自由面曲线画入坐标图中，再将测算的点 $z_i$ 绘于图上作比较。

附表 2.5　$z_i$ 理论值和测试值比较

| 半径 $r_i$/mm | | | | | | |
|---|---|---|---|---|---|---|
| 探针 $z_i$/mm | | | | | | |

续表

| 理论值 $z_i$/mm | | | | | | | | |
|---|---|---|---|---|---|---|---|---|
| 误差% | | | | | | | | |

4. 以 $r$ 为横坐标，$z_i$ 为纵坐标绘出自由液面曲线。

# 5.4　毕托管测速实验报告

学号＿＿＿＿＿＿　姓名＿＿＿＿＿＿

## 一、实验日期
＿＿＿＿＿年＿＿＿＿月＿＿＿＿日

## 二、实验装置
实验装置名称＿＿＿＿＿＿＿＿＿＿＿＿＿

毕托管校正系数 $c=$ ＿＿＿＿ ，$k=$ ＿＿＿＿ $\mathrm{m}^{0.5}/\mathrm{s}$

## 三、实验数据记录与计算

1.实验数据记录及计算结果

附表 2.6　实验记录计算表

| 实验次数 | 上、下游水位 /$10^{-2}$ m | | | 毕托管测压计 /$10^{-2}$ m | | | 测点流速 /$(\mathrm{m}\cdot\mathrm{s}^{-1})$ $u=k\sqrt{\Delta h}$ | 流速仪测值 /$(\mathrm{m}\cdot\mathrm{s}^{-1})$ | 测点流速系数 $\varphi'=c\sqrt{\Delta h/\Delta H}$ |
|---|---|---|---|---|---|---|---|---|---|
| | $h_1$ | $h_2$ | $\Delta H$ | $h_3$ | $h_4$ | $\Delta h$ | | | |
| 1 | | | | | | | | | |
| 2 | | | | | | | | | |
| 3 | | | | | | | | | |

2. 实验分析及讨论

(1) 所测流速系数 $\varphi'$ 是否小于 1？为什么？

(2) 自行设计标定毕托管因数 $c$ 的实验方案,并通过实验校验 $c$ 值。

# 5.5 能量方程实验报告

学号_____ 姓名_____

## 一、实验日期

_____年_____月_____日

## 二、实验装置

实验装置名称_____

量具名称_____ 最小分度值_____mm

## 三、实验数据处理

1. 记录有关常数：

均匀段 $D_1 =$_____$10^{-2}$ m  缩管段 $D_2 =$_____$10^{-2}$ m

扩管段 $D_3 =$_____$10^{-2}$ m  上管道轴线高程 $\nabla_0 =$_____$10^{-2}$ m

2. 实验数据记录及计算结果。

附表 2.7  管径记录表

单位：$10^{-2}$ m

| 测点编号 | ①* | ②③ | ④ | ⑤ | ⑥*⑦ | ⑧*⑨ | ⑩⑪ | ⑫*⑬ | ⑭*⑮ | ⑯*⑰ | ⑱*⑲ |
|---|---|---|---|---|---|---|---|---|---|---|---|
| 管径 | | | | | | | | | | | |
| 间距 | 4 | 4 | 6 | 6 | 4 | 13.5 | 6 | 10 | 29 | 16 | 16 |

附表 2.8  测记 $\left(z+\dfrac{p}{\gamma}\right)$ 数值表（基准面选在标尺的零点上）

单位：$10^{-2}$ m

| 测点编号 | | ② | ③ | ④ | ⑤ | ⑦ | ⑨ | ⑩ | ⑪ | ⑬ | ⑮ | ⑰ | ⑲ | $Q$ /($10^{-6}$ m$^3 \cdot$ s$^{-1}$) |
|---|---|---|---|---|---|---|---|---|---|---|---|---|---|---|
| 实验次数 | 1 | | | | | | | | | | | | | |
| | 2 | | | | | | | | | | | | | |
| | 3 | | | | | | | | | | | | | |

041

附表 2.9　流速水头 $\dfrac{v^2}{2g}$

单位：$10^{-2}$ m

| 实验流量 $Q/$ ($10^{-6}$ m³/s) | 第一次 | | | 第二次 | | | 第三次 | | |
|---|---|---|---|---|---|---|---|---|---|
| 管径 /$10^{-2}$ m | $A/$ $10^{-4}$ m² | $v/$ $10^{-2}$(m· s$^{-1}$) | $\dfrac{v^2}{2g}/$ $10^{-2}$ m | $A/$ $10^{-4}$ m² | $v/$ $10^{-2}$(m· s$^{-1}$) | $\dfrac{v^2}{2g}/$ $10^{-2}$ m | $A/$ $10^{-4}$ m² | $v/$ $10^{-2}$(m· s$^{-1}$) | $\dfrac{v^2}{2g}/$ $10^{-2}$ m |
| | | | | | | | | | |
| | | | | | | | | | |
| | | | | | | | | | |

附表 2.10　总水头 $\left(Z+\dfrac{p}{\gamma}+\dfrac{\alpha v^2}{2g}\right)$

单位：$10^{-2}$ m

| 测点编号 | ② ③ | ④ | ⑤ | ⑦ | ⑨ | ⑩ | ⑪ | ⑬ | ⑮ | ⑰ | ⑲ | $Q/(10^{-6}$ m³·s$^{-1})$ |
|---|---|---|---|---|---|---|---|---|---|---|---|---|
| 实验次数 1 | | | | | | | | | | | | |
| 2 | | | | | | | | | | | | |
| 3 | | | | | | | | | | | | |

绘制上述成果中最大流量下的总水头线和测压管水头线。

## 四、实验分析与讨论

1. 为何急变流断面不能被选作能量方程的计算断面？

2. 由毕托管测量的总水头线与按实际实测断面平均流速绘制的总水头线一般都差异，试分析其原因。

3. 试简要分析测点⑦处产生负压时对管道(流量与振动两方面)的影响。

# 5.6 动量方程实验报告

学号_____姓名_____

## 一、实验日期

_____年_____月_____日

## 二、实验装置

实验装置名称_____

## 三、实验数据处理

1. 记录有关常数：

管嘴内径 $d =$ _____$10^{-2}$ m，活塞直径 $D =$ _____$10^{-2}$ m

附表 2.11 测量记录表及计算表

| 测量次数 | 体积 $V$ /($10^{-6}$ m³·s⁻¹) | 时间 $T$/s | 管嘴作用水头 $H_0$ /$10^{-2}$ m | 活塞作用水头 $h_c$ /$10^{-2}$ m | 流量 $Q$ /($10^{-6}$ m³·s⁻¹) | 流速 $v$/($10^{-2}$ m·s⁻¹) | 动量修正系数 $\beta_1$ |
|---|---|---|---|---|---|---|---|
| 1 | | | | | | | |
| 2 | | | | | | | |
| 3 | | | | | | | |

## 四、实验分析与讨论

1. 思考 $v_{2x} \neq 0$ 时对 $F_x$ 的影响？


2. 滑动摩擦力为什么可以忽略不计？试用实验来分析验证的大小，记录观察结果。（因滑动摩擦力‰，故可略而不计）。


3. 实测平均值与经验值(1.02～1.05)是否相等？为什么？

# 5.7 雷诺实验报告

学号_____姓名_____

## 一、实验日期

_____年_____月_____日

## 二、实验装置

实验装置名称_____

## 三、实验数据处理

有关常数：

圆管直径 $d =$ _____$10^{-2}$ m    水温 $T =$ _____℃

运动黏度 $\nu = \dfrac{0.017\,75 \times 10^{-4}}{1 + 0.033\,7T + 0.000\,221T^2} =$ _____ $\text{m}^2/\text{s}$

计算常数 $K =$ _____ $\text{s}/\text{m}^3$

附表 2.12　雷诺实验记录计算表

| 实验序号 | 体积 /$10^{-6}\,\text{m}^3$ | 时间 /s | 流量 /($10^{-6}\,\text{m}^3 \cdot \text{s}^{-1}$) | 雷诺数 $Re$ | 颜色水形态 | 阀门开度增或减 | 备注 |
|---|---|---|---|---|---|---|---|
| 1 | | | | | | | |
| 2 | | | | | | | |
| 3 | | | | | | | |
| 4 | | | | | | | |
| 5 | | | | | | | |
| 6 | | | | | | | |
| 实测下临界雷诺数平均值＝ | | | | | | | |

## 四、实验分析与讨论

1. 流态判据为何采用无量纲参数,而不采用临界流速?

2. 雷诺实验得出的圆管流动下临界雷诺数为 2 320,而目前一般教科书中介绍采用的下临界雷诺数是 2 000,原因何在?

# 5.9 沿程阻力实验报告

学号＿＿＿＿＿＿＿姓名＿＿＿＿＿＿＿

## 一、实验日期

＿＿＿＿＿＿年＿＿＿＿＿月＿＿＿＿＿日

## 二、实验装置

实验装置名称＿＿＿＿＿＿＿＿＿＿＿＿＿＿＿

## 三、实验数据处理

1. 有关常数

圆管直径 $d =$ ＿＿＿＿＿＿$10^{-2}$ m　量测段长度 $L =$ ＿＿＿＿＿＿$10^{-2}$ m

2. 计算沿程水头损失因数 $\lambda$，绘制 $\lambda$-$Re$ 关系曲线,分析实验所在区域。

3. 实验数据记录及计算表格见表 1,根据实验绘制 $\lg v \sim \lg h_f$ 关系曲线图,并确定其斜率 $m$ 值, $m = \dfrac{\lg h_{f2} - \lg h_{f1}}{\lg v_2 - \lg v_1}$,并将求得的 $m$ 值和各流区的 $m$ 值进行比较验证。

**附表 2.13　沿程水头损失实验记录计算表**

| 测次 | 体积 $V$ /$10^{-6}$ $m^3$ | 时间 $t$/s | 流量 $Q$ /($10^{-6}$ $m^3 \cdot s^{-1}$) | 流速 $v$ /($10^{-2}$ $m \cdot s^{-1}$) | 水温 $T$ /℃ | 黏度 $v$ /($10^{-4}$ $m^2 \cdot s^{-1}$) | 雷诺数 $Re$ | 压差计、电测仪读数/$10^{-2}$ m | | 沿程损失 $h_f$/ $10^{-2}$ m | 沿程损失因数 $\lambda$ | $\lambda = \dfrac{64}{Re}$ ($Re <$ 2 300) |
|---|---|---|---|---|---|---|---|---|---|---|---|---|
| | | | | | | | | $h_1$ | $h_2$ | | | |
| 1 | | | | | | | | | | | | |
| 2 | | | | | | | | | | | | |
| 3 | | | | | | | | | | | | |
| 4 | | | | | | | | | | | | |
| 5 | | | | | | | | | | | | |
| 6 | / | / | | | | | | | | | | / |
| 7 | / | / | | | | | | | | | | / |
| 8 | / | / | | | | | | | | | | / |
| 9 | / | / | | | | | | | | | | / |

基础力学实验

续表

| 测次 | 体积 $V$ /$10^{-6}$ m³ | 时间 $t$/s | 流量 $Q$ /($10^{-6}$ m³·s⁻¹) | 流速 $v$ /($10^{-2}$ m·s⁻¹) | 水温 $T$ /℃ | 黏度 $\nu$ /($10^{-4}$ m²·s⁻¹) | 雷诺数 $Re$ | 压差计、电测仪读数/$10^{-2}$ m | | 沿程损失 $h_f$/ $10^{-2}$ m | 沿程损失因数 $\lambda$ | $\lambda=\dfrac{64}{Re}$ ($Re<$ 2 300) |
|---|---|---|---|---|---|---|---|---|---|---|---|---|
| | | | | | | | | $h_1$ | $h_2$ | | | |
| 10 | / | / | | | | | | | | | | / |
| 11 | / | / | | | | | | | | | | / |
| 12 | | | | | | | | | | | | / |
| 13 | | | | | | | | | | | | / |
| 14 | | | | | | | | | | | | / |
| 15 | | | | | | | | | | | | / |
| 16 | | | | | | | | | | | | / |

**四、实验分析与讨论**

1. 为什么压差计的水柱差就是沿程水头损失？实验管道倾斜安装是否影响实验成果？

2. 为什么管壁平均当量粗糙度不能在流动处于光滑区时测量？

# 5.10 局部阻力实验报告

学号_____姓名_____

## 一、实验日期

_____年_____月_____日

## 二、实验装置

实验装置名称_____

## 三、实验数据处理

1. 实验管段直径：

$d_1 = D_1 = $_____$10^{-2}$ m   $d_2 = d_3 = d_4 = D_2 = $_____$10^{-2}$ m

$d_5 = d_6 = D_3 = $_____$10^{-2}$ m

实验管段长度：

$l_{1-2} = 12 \times 10^{-2}$ m；$l_{2-3} = 24 \times 10^{-2}$ m；$l_{3-4} = 12 \times 10^{-2}$ m

$l_{4-B} = 6 \times 10^{-2}$ m；$l_{B-5} = 6 \times 10^{-2}$ m；$l_{5-6} = 6 \times 10^{-2}$ m

2. 实验数据记录及计算结果

附表 2.14   实验记录表

| 次数 | 流量 | | | 测压管读数 $10^{-2}$ m | | | | | |
|---|---|---|---|---|---|---|---|---|---|
| | 体积/$10^{-6}$ m³ | 时间/s | 流量/($10^{-6}$ m³·s⁻¹) | 1 | 2 | 3 | 4 | 5 | 6 |
| 1 | | | | | | | | | |
| 2 | | | | | | | | | |
| 3 | | | | | | | | | |

附表 2.15   实验计算表格

| 次数 | 阻力形式 | 流量/$10^{-6}$ m³·s⁻¹ | 前断面 | | 后断面 | | $h_j$/$10^{-2}$ m | 实测值 $\zeta$ | 理论值 $\zeta'$ |
|---|---|---|---|---|---|---|---|---|---|
| | | | $\frac{\alpha v^2}{2g}$/$10^{-2}$ m | $E^d$/$10^{-2}$ m | $\frac{\alpha v^2}{2g}$/$10^{-2}$ m | $E^u$/$10^{-2}$ m | | | |
| 1 | 突然扩大 | | | | | | | | |
| 2 | | | | | | | | | |
| 3 | | | | | | | | | |

**续表**

| 次数 | 阻力形式 | 流量/ $10^{-6}$ m$^3$·s$^{-1}$ | 前断面 | | 后断面 | | $h_j$/ $10^{-2}$ m | 实测值 $\zeta$ | 理论值 $\zeta'$ |
|---|---|---|---|---|---|---|---|---|---|
| | | | $\dfrac{\alpha v^2}{2g}$/ $10^{-2}$ m | $E^d$ / $10^{-2}$ m | $\dfrac{\alpha v^2}{2g}$/ $10^{-2}$ m | $E^u$/ $10^{-2}$ m | | | |
| 1 | 突然缩小 | | | | | | | | |
| 2 | | | | | | | | | |
| 3 | | | | | | | | | |

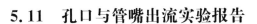

# 5.11 孔口与管嘴出流实验报告

学号_____姓名_____

## 一、实验日期

_____年_____月_____日

## 二、实验装置

实验装置名称_____

## 三、实验数据处理

1. 实验常数

孔口管嘴直径及高程:圆角管嘴 $d_1 =$ _____ $10^{-2}$ m;直角管嘴 $d_1 =$ _____ $10^{-2}$ m;出口高程 $z_1 = z_2$ _____ $10^{-2}$ m;圆锥形管嘴 $d_3 =$ _____ $10^{-2}$ m;孔口 $d_4 =$ _____ $10^{-2}$ m;出口高程 $z_3 = z_4$ _____ $10^{-2}$ m。

2. 孔口管嘴实验记录及计算表

| 项目 \ 分类 | 直角进口形管嘴 | | 圆角进口形管嘴 | | 圆锥形管嘴 | | 孔口 | |
|---|---|---|---|---|---|---|---|---|
| 水箱液位 $H/10^{-2}$ m | | | | | | | | |
| 体积 $V/10^{-6}$ m$^3$ | | | | | | | | |
| 时间 $t/s$ | | | | | | | | |
| 流量 $Q'/$ $(10^{-6}$ m$^3 \cdot$ s$^{-1})$ | | | | | | | | |
| 平均流量/ $(10^{-6}$ m$^3 \cdot$ s$^{-1})$ | | | | | | | | |
| 作用水头 $H_0/10^{-2}$ m | | | | | | | | |
| 面积 $A/$m$^2$ | | | | | | | | |
| 流量系数 $\mu$ | | | | | | | | |
| 测压管读数 $h/$m | | | | | | | | |
| 真空度 $h_v/$m | | | | | | | | |
| 收缩直径 $d_c/$m | | | | | | | | |

续表

| 项目＼分类 | 直角进口形管嘴 | 圆角进口形管嘴 | 圆锥形管嘴 | 孔口 |
|---|---|---|---|---|
| 收缩断面 $A_c/\mathrm{m}^2$ | | | | |
| 收缩系数 $\varepsilon$ | | | | |
| 流速系数 $\varphi$ | | | | |
| 阻力系数 $\zeta$ | | | | |

# 5.13 明渠堰流实验报告

学号_____姓名_____

## 一、实验日期

_____年_____月_____日

## 二、实验装置

实验装置名称_____

## 三、实验数据处理

1. 记录有关信息及实验常数

渠宽 $b = 10^{-2}$ m；宽顶堰厚度 $\delta = 10^{-2}$ m；

上游渠底高程 $\nabla_2 = 10^{-2}$ m；堰顶高程 $\nabla_0 = 10^{-2}$ m；

上游堰高 $P_1 = \nabla_0 - \nabla_2 = 10^{-2}$ m；

三角堰流量公式为

$q_V = A(\Delta h)^B$；$\Delta h = \nabla_{01} - \nabla_{00}$

其中，三角堰顶高程 $\nabla_{00} =$ ___ $10^{-2}$ m；$A =$ ___ ；$B =$

### 附表 2.16 直角进口宽顶堰流量系数(m)测记表

| 实验次数 | 三角堰堰上水位 $\nabla_{01}$ /$10^{-2}$ m | 实测流量 $q = A(\Delta h)^B$ /($10^{-6}$ m³·s⁻¹) | 宽顶堰堰上水位 $\nabla_1$ /$10^{-2}$ m | 宽顶堰堰顶水头 $H = \nabla_1 - \nabla_0$ /$10^{-2}$ m | 行近流速 $v_0 = \dfrac{q}{b(\nabla_1 - \nabla_2)}$ /($10^{-2}$ m·s⁻¹) | 宽顶堰堰顶总水头 $H_0$ /$10^{-2}$ m | 流量系数 m 实测值 | 流量系数 m 经验值 |
|---|---|---|---|---|---|---|---|---|
| 1 | | | | | | | | |
| 2 | | | | | | | | |
| 3 | | | | | | | | |

# 5.14 离心泵特性曲线实验报告

学号_____姓名_____

## 一、实验日期

_____年_____月_____日

## 二、实验装置

实验装置名称_____

## 三、实验数据处理

1.记录有关信息及实验常数及实验记录

附表 2.17 性能曲线实验记录及计算(单泵)

实验泵编号:转速 $n=2\,850$ r/min $\Delta Z=0.72$ m

| 测量参数 | | 测量次数 | | | | | | | | | |
|---|---|---|---|---|---|---|---|---|---|---|---|
| | | 1 | 2 | 3 | 4 | 5 | 6 | 7 | 8 | 9 | 10 |
| 实测度数值 | 压力表 $P_M$/MPa | | | | | | | | | | |
| | 真空表 $P_V$/MPa | | | | | | | | | | |
| | 流量 $Q/(m^3 \cdot s^{-1})$ | | | | | | | | | | |
| | 功率表 $P_1$/kW | | | | | | | | | | |
| 特性参数计算 | 扬程 $H$/m | | | | | | | | | | |
| | 有效功率 $N_e$/kW | | | | | | | | | | |
| | 轴功率 $N$/kW | | | | | | | | | | |
| | 效率 $\eta$/% | | | | | | | | | | |

**附表 2.18　离心泵串联实验记录**

实验泵编号：AB泵串联　转速 $n = 2\,850$ r/min　$\Delta Z = 0.72$ m

| 测量参数 | | 测量次数 | | | | | | | | | |
|---|---|---|---|---|---|---|---|---|---|---|---|
| | | 1 | 2 | 3 | 4 | 5 | 6 | 7 | 8 | 9 | 10 |
| A 泵 | 扬程 $H$/m | | | | | | | | | | |
| | 流量 $Q/(\mathrm{m^3 \cdot s^{-1}})$ | | | | | | | | | | |
| B 泵 | 扬程 $H$/m | | | | | | | | | | |
| | 流量 $Q/(\mathrm{m^3 \cdot s^{-1}})$ | | | | | | | | | | |
| 串联系统 | 扬程 $H$/m | | | | | | | | | | |
| | 流量 $Q/(\mathrm{m^3 \cdot s^{-1}})$ | | | | | | | | | | |
| | 压力表 $P_{\mathrm{M}}$/MPa | | | | | | | | | | |
| | 真空表 $P_{\mathrm{V}}$/MPa | | | | | | | | | | |

**附表 2.19　离心泵并联实验记录**

实验泵编号：AB泵并联　转速 $n = 2\,850$ r/min　$\Delta Z = 0.72$ m

| 测量参数 | | 测量次数 | | | | | | | | | |
|---|---|---|---|---|---|---|---|---|---|---|---|
| | | 1 | 2 | 3 | 4 | 5 | 6 | 7 | 8 | 9 | 10 |
| A 泵 | 扬程 $H$/m | | | | | | | | | | |
| | 流量 $Q/(\mathrm{m^3 \cdot s^{-1}})$ | | | | | | | | | | |
| B 泵 | 扬程 $H$/m | | | | | | | | | | |
| | 流量 $Q/(\mathrm{m^3 \cdot s^{-1}})$ | | | | | | | | | | |

**续表**

| 测量参数 | | 测量次数 | | | | | | | | | |
|---|---|---|---|---|---|---|---|---|---|---|---|
| | | 1 | 2 | 3 | 4 | 5 | 6 | 7 | 8 | 9 | 10 |
| 并联系统 | 扬程 $H/\text{m}$ | | | | | | | | | | |
| | 流量 $Q/(\text{m}^3 \cdot \text{s}^{-1})$ | | | | | | | | | | |
| | 压力表 $P_M/\text{MPa}$ | | | | | | | | | | |
| | 真空表 $P_V/\text{MPa}$ | | | | | | | | | | |

2. 绘制单泵、双泵串联和并联特性曲线。